普通高等教育"十四五"规划教材

C语言程序设计（第二版）

主　编　甄增荣　田云霞

副主编　张　宾　张微微　宿敬肖　连　婷　吕晓华

中国水利水电出版社
www.waterpub.com.cn
·北京·

内 容 提 要

C 语言是目前国内外使用最广泛的程序设计语言之一。本书较全面地讲述了 C 语言及其程序设计方法，通过大量的程序举例对知识点进行讲解，由浅入深地进行介绍，并配有适量的习题对重点知识进行巩固，符合程序设计的学习规律。书中所有例题都在 Visual C++ 6.0 环境下运行通过，具有一定的参考价值。

全书共分为 11 章，第 1 章介绍 C 语言程序设计概述，叙述 C 语言的发展历程和趋势、特点以及 C 语言的编译和执行过程等内容；第 2 章介绍数据类型、运算符和表达式，是 C 语言编程必须掌握的基础知识；第 3 章介绍顺序结构程序设计，包括 C 语句、数据输入输出、顺序结构程序举例；第 4 章介绍选择结构程序设计，包括 if 语句、switch 语句，以及选择结构嵌套；第 5 章介绍循环结构程序设计，包括循环语句、循环的嵌套、break 语句和 continue 语句等；第 6 章介绍数组，包括一维数组、二维数组、字符数组和字符串等；第 7 章介绍函数与模块化程序设计；第 8 章介绍指针；第 9 章介绍结构体与共用体；第 10 章介绍文件操作；第 11 章为商品库存管理系统。

本书可作为高等院校 C 语言程序设计课程的相关教材，也可作为计算机爱好者的自学用书。

图书在版编目（CIP）数据

C语言程序设计 / 甄增荣，田云霞主编. -- 2版. -- 北京 : 中国水利水电出版社，2023.8
普通高等教育“十四五”规划教材
ISBN 978-7-5226-1612-4

Ⅰ. ①C… Ⅱ. ①甄… ②田… Ⅲ. ①C语言－程序设计－高等学校－教材 Ⅳ. ①TP312.8

中国国家版本馆CIP数据核字(2023)第122416号

策划编辑：石永峰　责任编辑：张玉玲　加工编辑：白绍昀　封面设计：梁　燕

书　名	普通高等教育“十四五”规划教材 C 语言程序设计（第二版） C YUYAN CHENGXU SHEJI
作　者	主　编　甄增荣　田云霞 副主编　张　宾　张微微　宿敬肖　连　婷　吕晓华
出版发行	中国水利水电出版社 （北京市海淀区玉渊潭南路 1 号 D 座　100038） 网址：www.waterpub.com.cn E-mail：mchannel@263.net（答疑） sales@mwr.gov.cn 电话：（010）68545888（营销中心）、82562819（组稿）
经　售	北京科水图书销售有限公司 电话：（010）68545874、63202643 全国各地新华书店和相关出版物销售网点
排　版	北京万水电子信息有限公司
印　刷	三河市鑫金马印装有限公司
规　格	184mm×260mm　16 开本　14 印张　358 千字
版　次	2017 年 2 月第 1 版　2017 年 2 月第 1 次印刷 2023 年 8 月第 2 版　2023 年 8 月第 1 次印刷
印　数	0001—3000 册
定　价	42.00 元

前　　言

习近平总书记在党的二十大报告中指出“科技是第一生产力、人才是第一资源、创新是第一动力”。大国工匠和高技能人才作为人才强国战略的重要组成部分，在现代化国家建设中起着重要的作用。本教材积极贯彻党的二十大精神，践行立德树人，着重培养学生的专业技能和实践能力。

“C 语言程序设计”是高等学校信息技术类专业的一门重要必修课程。C 语言以其灵活、高效、可移植性强等特点发展至今，始终保持着强大的生命力，是大多数理工科相关专业及计算机爱好者学习计算机程序设计的首选语言。

学习 C 语言程序设计，不仅要理解和掌握语言本身的语法规则和基本知识，更重要的是掌握传统结构化程序设计的基本方法，可以培养学生严谨的程序设计思想、灵活的思维方式及使用计算机解决实际问题的动手操作能力。

“C 语言程序设计”是一门实践性很强的课程。对于初学编程的人，应强化上机实践环节。学生只有通过大量的编程训练，才能在实践中理解和掌握 C 语言的基本知识，感受和领悟用计算机进行问题求解的思维模式，学习和探索程序设计的思想及方法，不断提高自己分析问题和解决问题的能力。因此，“C 语言程序设计”课程的教学重点是培养学生的实践编程能力。

本书由一线教师根据长期教学工作的实践编写而成，在编写过程中力求取材得当、循序渐进、通俗易懂、结构清晰、层次分明、书写规范，通过精选典型实例来验证和说明语言规则、语法结构、程序设计的思想和方法，注重对程序基本概念、语法规则、程序结构和设计方法的讲解。本书配套教材有《C 语言程序设计实验与习题指导》（甄增荣、张宾主编，中国水利水电出版社出版）。

本书第 1 章由吕晓华编写；第 2、4、6 章由张宾编写；第 3 章由张微微编写；第 5 章由韩国英编写；第 7 章由田云霞编写；第 8 章彭丽叶编写；第 9、10 章由宿敬肖编写；第 11 章由连婷编写。全书由甄增荣统稿，吕晓华、张宾校稿，彭丽叶、张微微、韩国英程序调试。

在本书的编写过程中，参考了许多优秀教材，查阅了大量资料，在此对这些教材的作者表示感谢。

由于编者的水平和时间有限，书中难免存在疏漏和谬误之处，敬请广大专家和读者批评指正。

编　者

2023 年 4 月

目　录

前言
第 1 章　C 语言程序设计概述 1
1.1　C 语言简介 1
1.1.1　C 语言的发展历程和趋势 1
1.1.2　C 语言的特点 2
1.2　最简单的 C 语言程序 2
1.2.1　最简单的 C 语言程序举例 2
1.2.2　运行 C 程序的方法 6
1.3　小结 9
1.4　习题 10
第 2 章　数据类型、运算符和表达式 11
2.1　C 语言的数据类型 11
2.1.1　整型 12
2.1.2　浮点型 14
2.1.3　字符型 15
2.2　常量 19
2.3　变量 20
2.4　标识符 20
2.5　运算符和表达式 21
2.5.1　算术运算符和算术表达式 21
2.5.2　自增/自减运算符 22
2.5.3　关系运算符和关系表达式 22
2.5.4　逻辑运算符和逻辑表达式 23
2.5.5　赋值运算符和赋值表达式 24
2.5.6　条件运算符和条件表达式 25
2.5.7　逗号运算符和逗号表达式 25
2.5.8　sizeof 运算符 25
2.6　数据类型的转换 26
2.7　小结 28
2.8　习题 29
第 3 章　顺序结构程序设计 30
3.1　C 语句 30
3.2　数据输入输出 32
3.2.1　标准格式输出函数 printf() 32

3.2.2 标准格式输入函数 scanf()……34
3.2.3 字符输出函数 putchar()……36
3.2.4 字符输入函数 getchar()……37
3.3 顺序结构程序举例……38
3.4 小结……39
3.5 习题……39
第 4 章 选择结构程序设计……41
4.1 if 语句……41
4.1.1 简单 if 语句……41
4.1.2 if…else 语句……42
4.1.3 多分支 if 语句……43
4.2 switch 语句……45
4.3 选择结构嵌套……49
4.4 小结……51
4.5 习题……51
第 5 章 循环结构程序设计……53
5.1 循环语句……53
5.1.1 while 语句……53
5.1.2 do…while 语句……54
5.1.3 for 语句……56
5.2 循环的嵌套……57
5.3 break 语句和 continue 语句……58
5.4 循环结构程序举例……60
5.5 小结……63
5.6 习题……63
第 6 章 数组……65
6.1 一维数组……65
6.1.1 一维数组的定义……65
6.1.2 一维数组的引用……66
6.1.3 一维数组的初始化……67
6.1.4 一维数组的应用……68
6.2 二维数组……72
6.2.1 二维数组的定义……72
6.2.2 二维数组的引用……73
6.2.3 二维数组的初始化……74
6.2.4 二维数组的应用……75
6.3 字符数组和字符串……78
6.3.1 字符数组的定义和引用……78
6.3.2 字符串的初始化和应用……80

6.3.3 常用的字符串函数 82
6.3.4 字符数组的应用 84
6.4 小结 86
6.5 习题 86
第 7 章 函数与模块化程序设计 88
7.1 函数概述 88
7.1.1 定义函数 88
7.1.2 形式参数和实际参数 89
7.2 函数的嵌套调用与递归调用 93
7.2.1 函数的嵌套调用 93
7.2.2 函数的递归调用 97
7.3 数组作为函数参数 100
7.3.1 使用数组元素作为函数参数 100
7.3.2 使用数组名作为函数参数 101
7.4 变量的作用域和存储方式 103
7.4.1 局部变量和全局变量 103
7.4.2 变量的存储类型 105
7.5 C 预处理器和库函数 109
7.5.1 宏定义#define 109
7.5.2 文件包含#include 114
7.5.3 库函数 114
7.6 模块化程序设计概述 116
7.6.1 模块化程序设计思想 116
7.6.2 模块化程序设计原则 116
7.6.3 模块化编程步骤 116
7.7 小结 118
7.8 习题 119
第 8 章 指针 124
8.1 指针概述 124
8.1.1 指针变量的定义 124
8.1.2 指针的基本使用方法 125
8.1.3 指针变量作为函数参数 128
8.2 指针与一维数组 131
8.2.1 数组元素的指针 131
8.2.2 引用数组元素的指针运算 132
8.2.3 指向一维数组的指针 134
8.3 指针与二维数组 135
8.3.1 二维数组的地址 135
8.3.2 指向二维数组的指针 136

8.4 指针与字符串 137
8.4.1 数组名引用方式 137
8.4.2 指针引用方式 138
8.5 指向函数的指针和返回指针的函数 139
8.5.1 指向函数的指针 139
8.5.2 返回指针的函数 141
8.6 指针数组与多级指针 142
8.6.1 指针数组的定义和引用 142
8.6.2 多级指针 143
8.7 小结 144
8.8 习题 145
第 9 章 结构体与共用体 146
9.1 结构体 146
9.1.1 定义结构体 146
9.1.2 定义结构体变量 147
9.1.3 结构体变量的引用、赋值和初始化 149
9.1.4 结构体数组 151
9.1.5 结构体和指针 152
9.1.6 结构体应用——链表操作 156
9.1.7 类型定义符 typedef 158
9.2 共用体 159
9.2.1 共用体的概念 159
9.2.2 共用体变量的引用 161
9.3 枚举类型 162
9.4 小结 164
9.5 习题 164
第 10 章 文件操作 167
10.1 文件概述 167
10.1.1 文件的定义 167
10.1.2 文件指针 168
10.2 文件的打开和关闭 168
10.2.1 文件的打开 168
10.2.2 文件的关闭 169
10.3 文件的格式化读写 171
10.4 文件的随机读写 178
10.5 常用文件检测函数 180
10.6 小结 181
10.7 习题 182

第 11 章　商品库存管理系统……184
11.1　设计目的……184
11.2　需求分析……184
11.3　总体设计……184
11.4　详细设计与实现……185
11.4.1　预处理及数据结构……185
11.4.2　主函数……186
11.4.3　商品入库模块……188
11.4.4　商品出库模块……191
11.4.5　删除商品模块……193
11.4.6　修改商品模块……195
11.4.7　查询商品模块……197
11.4.8　显示商品模块……199
11.5　设计总结……200
附录 A　C 语言关键字……201
附录 B　ASCII 码表……202
附录 C　C 语言运算符……206
附录 D　C 语言常用库函数……207
附录 E　C 语言常见算法……212

第 1 章　C 语言程序设计概述

1.1　C 语言简介

1.1.1　C 语言的发展历程和趋势

C 语言是在 BCPL（Basic Combined Programming Language）语言基础上发展而来的，BCPL 语言的原型是 ALGOL 60 语言（也称 A 语言）。ALGOL 60 语言是计算机发展史上的首批高级语言，更适用于数值计算。1963 年，剑桥大学将 ALGOL 60 语言发展成为 CPL（Combined Programming Language）语言。CPL 语言比 ALGOL 60 语言接近硬件，但规模比较大，实现困难。1967 年，剑桥大学的马丁 • 理查兹（Matin Richards）对 CPL 语言进行了简化，形成了 BCPL 语言。1970 年，美国贝尔实验室的肯 • 汤普逊（Ken Thompson）在 BCPL 语言的基础上做了进一步的简化，设计出了简单且更加接近硬件的 B 语言（取 BCPL 的第一个字母），并采用该语言编写了第一个 UNIX 操作系统，并在 PDP-7（18 位小型计算机）上实现。1973 年，贝尔实验室的丹尼斯 • 里奇（Dennis Ritchie）在 B 语言的基础上设计出了 C 语言。C 语言既保持了 BCPL 语言和 B 语言的精练、接近硬件的优点，又克服了它们过于简单、无数据类型的缺点。开发 C 语言的目的在于尽可能降低使用它所编写的软件对硬件平台的依赖程度，使之具有可移植性。同年，Ken Thompson 和 Dennis Ritchie 合作把 UNIX 系统 90%以上的代码用 C 语言重新编写，完成 UNIX 第 5 版。1977 年，Dennis Ritchie 发表了不依赖具体机器的 C 语言编译文本《可移植的 C 语言编译程序》，简化了 C 语言移植到其他机器上的工作，推动了 UNIX 操作系统在各种机器上的实现。随着 UNIX 的广泛使用，C 语言先后移植到大、中、小型计算机上，得以迅速推广，很快风靡全球，成为世界上应用最广泛的高级语言之一。

1978 年，布莱恩 • W • 克尼汉（Brian W.Kernighan）和 Dennis Ritchie 联合撰写了影响深远的名著 *The C Programming Language*，成为第一个事实上的 C 语言标准。1983 年，美国国家标准化协会（American National Standards Institute，ANSI）成立了专门的委员会，根据当时存在的不同的 C 语言版本进行改进和扩充，制定了 C 语言标准草案——83 ANSI C。1987 年 ANSI 又公布了新的标准——87 ANSI C。1989 年，ANSI 公布了更加完整的 C 语言标准——ANSI X3（也称 ANSI C 或 C89）。1990 年，国际标准化组织（International Standard Organization，ISO）接受 C89 为 ISO C 的国际标准（ISO/IEC 9899:1990）。1994 年和 1995 年，ISO 又先后修订了 C 语言标准，称为 1995 基准增补 1（ISO/IEC 9899:1990/AMD 1:1995）。1999 年，ISO 又对 C 语言标准进行了修订，在原有基础上增加了 C++中的一些功能，命名为 ISO/IEC 9899:1999。2011 年 12 月 8 日，ISO 正式发布了 C 语言的新标准 C11，提高了对 C++的兼容性，并加入对多线程的支持等功能，命名为 ISO/IEC 9899:2011。

在实际的使用中，目前不同公司对 C 语言编译系统的开发，并未完全实现最新的 C 语言标准，它们多以 C89 为基础开发。

1.1.2　C 语言的特点

C 语言具有较强的生命力，与其他编程语言相比，有着自己独有的特点，其主要特点如下：

（1）语言简洁、结构清晰。C 语言一共有 32 个关键字（C89 标准），9 种控制语句，程序书写形式自由灵活。C 语言程序通常由多个函数组成，便于模块化和结构化编程，编写的程序结构清晰明了、可读性强。

（2）表达能力强。C 语言不仅提供了丰富的运算符和数据类型，还提供了强大的功能库。程序员可以快速、灵活地编写程序，精确地控制计算机按照自己的意愿工作。

（3）高效率的编译型语言。C 语言生成的目标代码质量高，运行速度快。对于较大的程序，源代码可以分别存放，单独编译后再链接在一起，形成可执行文件。

（4）可移植性好。采用 C 语言编写的程序基本上可以不做修改，直接运行于各种型号的计算机和各种操作系统之中。

（5）运算符和数据类型丰富。C 语言包含 34 种运算符，运算符种类丰富，表达式类型多样，使用灵活。

（6）语法限制少，设计自由度大。C 语言允许程序员有更大的自由度，编译时放宽了语法检查。例如，对数组下标越界不进行检查，整型量与字符型量可以通用等。

（7）允许直接访问物理地址。C 语言既具有高级语言的功能，又具备低级语言的很多功能，使它既是通用的程序设计语言，又是系统描述语言。C 语言能够直接访问物理地址，还能够进行位运算，实现了汇编语言的大部分功能，可以直接对硬件进行操作。

1.2　最简单的 C 语言程序

1.2.1　最简单的 C 语言程序举例

C 程序到底是什么样子的？一起来看几个简单的 C 程序，并尝试读懂这些程序的功能。

例 1.1　在屏幕上输出信息“This is my first c program.”。

```
#include <stdio.h>                              /*编译预处理指令*/
int main()                                      //定义主函数
{                                               /*函数的开始标志*/
    printf("This is my first c program.\n");    /*输出指定信息*/
    return 0;                                   /*函数正常结束返回值为 0*/
}                                               /*函数的结束标志*/
```

例 1.1 程序运行结果如图 1.1 所示，其中第 1 行 This is my first c program.为程序运行结果，第 2 行为 Visual C++ 6.0（简称 VC++ 6.0）编译系统在输出运行结果后自动输出的信息，即“按任意键继续”，按下键盘上的任意键后，运行结果窗口消失。如何使用 VC++ 6.0 来运行程序，稍后将作详细介绍。

图 1.1　例 1.1 程序的运行结果

例 1.2　求两个整数的和。

```
#include <stdio.h>                    //编译预处理指令
int main()                            //定义主函数
{                                     //函数的开始标志
    int a, b, sum;                    //声明 a、b、sum 均为整型变量
    a=222;                            //将整数 222 放在变量 a 中存储
    b=333;                            //将整数 333 放在变量 b 中存储
    sum=a + b;                        //将整数 a 和 b 的和放在变量 sum 中存储
    printf("sum is %d\n",sum);        //输出 sum 的值
    return 0;                         //函数正常结束返回值为 0
}                                     //函数的结束标志
```

例 1.2 程序实现的功能是求两个整数的和，程序的运行结果如图 1.2 所示。

```
sum is 555
Press any key to continue
```

图 1.2　例 1.2 程序的运行结果

例 1.3　利用函数调用求两个数据的和。

```
#include <stdio.h>                                 /*文件包含预处理命令*/
void main()                                        /*主函数*/
{
    int add(int x, int y);                         /*对被调用函数 add 的声明*/
    int a, b, sum;                                 /*定义变量 a、b 和 sum */
    printf("Please input two number(like:3,5): \n"); /*使用 printf()函数打印输入提示*/
    scanf("%d,%d", &a, &b);                        /*使用 scanf()函数对变量 a、b 赋值*/
    sum=add(a, b);                                 /*调用函数 add，并将函数返回值赋给 sum*/
    printf("%d + %d=%d\n", a, b, sum);             /*使用 printf()函数输出结果*/
}
int add(int x, int y)          /*定义函数 add，x、y 为形式参数*/
{
    return (x + y);            /*将 x + y 的和返回，通过 add 带回到调用函数的位置*/
}
```

例 1.3 程序实现的功能是求从键盘上输入的两个整数之和，程序的运行结果如图 1.3 所示。

```
Please input two number(like:3,5):
24,32
24 + 32 = 56
Press any key to continue
```

图 1.3　例 1.3 程序的运行结果

现在一起来分析上例程序，以便对 C 程序有一个初步的了解。

C 程序是由函数构成的，一个 C 程序虽然有且仅有一个 main()函数，但可以包含多个其他函数，当然也可以没有其他函数，仅有一个 main()函数。

例 1.3 程序是由一个 main()函数和一个 add()函数组成的 C 程序，接下来将从代码出发，探讨隐藏在代码背后的细节。

1. 文件包含预处理指令

#include <stdio.h>是一个 C 预处理指令，该行代码告诉编译器程序包含文件 stdio.h 中的全部信息，其作用相当于在程序该行所在位置键入了 stdio.h 的完整内容。stdio.h 文件是标准输入输出头文件（standard input/output header file），由 C 编译系统提供，它包含了有关输入和输出的函数（如 printf()、scanf()等）的信息以供编译器使用。在 C 语言中，将出现在文件顶部的信息集合称为头（header），这些文件通常以.h 作为扩展名。当然文件包含预处理指令也可以包含用户定义的其他文件，它的基本格式为：

#include <文件名> 或者 #include "文件名"

这两者之间的主要区别是：使用<>时，编译系统到存放 C 库函数头文件的目录中去寻找要包含的文件，而使用" "时系统先在用户当前目录中去寻找要包含的文件，若找不到再按照<>的方式进行查找。

2. main()函数

C 程序中必须有一个 main()函数，它表示 C 程序中的主函数，C 程序的执行总是从该函数开始。如果在 main()函数中调用了其他函数，调用结束后流程将返回到 main()函数，在 main()函数中结束整个程序的运行。

void 指明了 main()函数的返回类型，由于 void 表示“空”，意味着 main()函数的返回类型是“空”，即不返回任何类型的值。有时，也可用 int main()声明 main()函数，它表明 main()函数的返回类型是整数。

3. 注释

在前文的程序中，有很多诸如“/*文件包含预处理命令*/”这样的内容，通过阅读这些内容可以很好地帮助读者理解程序。包含在/* */之间的部分就是程序注释，用于对程序代码进行说明，让读者更容易理解程序代码实现的功能，便于程序开发人员对代码进行更好地维护。在/*和*/之间的所有内容都将被编译器忽略。在写程序注释的时候，可以单放一行或者是多行。下面是一个多行注释的例子：

/*注释的第一行，
这一行仍然是注释。*/

也可采用“//”的方式进行单行注释，下面是一个单行注释的例子：

//注释到本行结束

4. 大括号与函数体

在例 1.3 程序中，不管是 main()函数还是 add()函数都有一对大括号“{…}”，这对大括号划定了 main()函数和 add()函数的界限。在 C 语言中，所有的函数都使用大括号来表示开始和结束，在大括号之间的部分，就是函数体。函数体由若干语句构成，这些语句描述了函数的功能。

在 C 语言中，大括号还有一个功能，用来把某些语句聚集成一个单元或代码块，这些单元或代码块称作复合语句，在后面的章节将会学习到。

5. 变量的定义

int a, b, sum;的功能是定义三个变量 a、b 和 sum。前面的 int 说明这三个变量的类型是整型，即这三个变量的值只能是整数，不能有小数点和小数部分。编译器会为变量 a、b 和 sum 分配相应的存储空间。在 C 语言中，变量代表内存中具有特定属性的一个存储单元，它用来存放数据，即变量的值，在程序运行期间，这些值是可以变化的。一个变量应该有一个名字，以便在程序中引用。

符号 int 是 C 语言中的一个关键字，它代表着 C 语言中最基本的一个数据类型。关键字是用来表达语言的单词，不能将它们用于其他目的。例如，我们不能将 int 用作函数或者变量的名字。在 C 语言中总共有 32 个保留的关键字。

在例 1.3 程序中，a、b 和 sum 都是定义的变量。下面定义的变量都是不合法的：

int money. Dollar，123_num，a<b，#45，%12#

在 C 语言中规定，变量的名字只能由字母、数字和下划线三种符号组成，并且第一个字符必须是字母或者下划线。在 C 语言中所有标识符（变量、符号常量、函数、数组、类型等）的命名都必须遵守这个规则。下面列出的都是合法的标识符：

Sum，_sum，Class，m_total，a_1，b1

需要注意的是，C 编译系统将严格区分大小写字母，Class 和 class 是两个不同的标识符，同样，BASIC 和 basic 也是不同的标识符。一般情况下，变量名用小写字母表示，与人们的日常习惯保持一致。

在 C 语言中，所有的变量都必须在使用之前先定义，只有定义后的变量才能在程序中使用。

6. 输入输出函数

在例 1.3 程序中，输入了两个整数，然后计算这两个整数的和并输出到屏幕上。这里的输入和输出如何实现呢？实际上，C 语言本身不提供输入输出语句，所有输入输出操作都是由 C 函数库中的函数来实现的。C 标准库函数提供了一些输入输出函数，如例 1.3 程序中的 scanf()函数和 printf()函数。在使用的时候需要注意，不要误以为它们是 C 语言提供的“输入输出语句”。scanf 和 printf 不是 C 语言的关键字，而只是函数的名字。

printf()函数的作用是输出若干个任意类型的数据，例如：例 1.3 程序中的输出语句 printf("Please input two number(like:3,5): \n")，它表明将 Please input two number(like:3,5):原样输出到显示屏上并换行（"\n"）。而 printf("%d + %d=%d\n", a, b, sum);则不仅将“+”和“=”都原样输出，还将“%d”转换成了相应变量的值输出。例如第一个%d 转换成变量 a 的值 24，第二个%d 转换成变量 b 的值 32，第三个%d 则转换成变量 sum 的值 56。“%d”表明输出变量的数据类型是十进制整数。

scanf()函数的作用是输入数据，例 1.3 程序中通过 scanf("%d,%d", &a, &b);将在键盘上输入的两个数据 24 和 32 传给变量 a 和 b，“%d,%d”表明输入的两个整数之间必须用“,”隔开。需要注意的是变量 a 和 b 必须表示为&a 和&b，其中“&”就是 C 语言的取地址运算符。初学者容易在这里出现错误，应加强注意。

7. 函数和函数调用

一个函数通常由两部分组成：函数首部和函数体。函数首部包括函数名、函数类型、函数参数（形参）、参数类型。

例如，例 1.3 程序中 add()函数的首部如下：

一个函数名后面必须跟一对圆括号，函数参数可以有多个，也可以没有。函数体是紧跟函数首部下面大括号内的部分，包括了实现函数特定功能的变量定义及若干执行语句。有时，函数体也可以没有变量定义和执行语句，只有一对大括号。

函数在被其他函数调用时，需要先声明。例如，在例 1.3 程序中，main()函数中的代码为：

```
int add(int x, int y);
```

该代码就是对被调函数 add()的一个声明。对函数的声明需与函数定义的函数名，形式参数的个数、类型和顺序都保持一致。当然，在函数声明的语句中，也可省略具体的形式参数的名字，只给出形式参数的类型。如：

```
int add(int, int);
```

如果被调函数的定义出现在主调函数之前，则可以不加声明。因为编译系统已经知道了定义的被调函数，并根据函数定义的相关信息对函数的调用作出正确性检查。

8. 赋值

sum=add(a,b);这行程序除了调用函数外，还有一个赋值的功能，表示将 add()函数的返回值赋值给变量 sum。在该语句之前有一个定义变量的语句 int a,b,sum;，它表明在计算机内存中为变量 a、b 和 sum 分配存储空间，而这个赋值语句则将数值存放在变量 sum 的存储空间中。也可以根据需要修改 sum 的值，这正是将 sum 称为变量的原因。需要注意的是，赋值运算符“=”的结合顺序自右向左，即将“=”右边表达式的结果赋值给左边的变量。赋值语句后面的分号也是必不可少的，C 程序的每个语句后面都需要有一个分号。

随 堂 练 习

请仿照例 1.3 编写一个程序，求出从键盘上输入的三个整数之和，并输出结果。

1.2.2 运行 C 程序的方法

C 程序在什么环境中编写？如何运行？怎样查看结果呢？在这一小节里，将主要介绍这些知识。

C 程序（*.c）编写好后，必须先对其进行编译得到目标程序文件（*.obj），再将目标程序与系统提供的库函数等进行链接，才能得到可执行的目标程序（*.exe）。为了编译、链接和运行 C 程序，必须要有相应的 C 编译系统。目前使用的 C 编译系统大多都是集成开发环境（Integrated Development Environment，IDE）把程序的编辑、编译、链接和运行等操作全部集中在一个界面上进行。本书将以 VC++ 6.0 集成开发环境作为工具来进行 C 程序开发。

1. 进入 VC++ 6.0 集成开发环境，新建工程

在 Windows 环境下，先找到 VC++ 6.0 集成开发环境所在的安装目录，从中找到可执行文件 MSDEV.exe，直接双击就可以打开 VC++ 6.0 集成开发环境（或者直接单击电脑“所有程序”中的 VC++ 6.0 快捷方式），如图 1.4 所示。在 VC++ 6.0 集成开发环境的上部，有一行“主菜单”，可以通过这些菜单来使用 VC++6.0 集成开发环境所提供的各种功能。

单击主菜单中的“文件”→“新建”菜单命令，弹出“新建”对话框，如图 1.5 所示。在“新建”对话框中选择“工程”选项卡，在左边列出的选项中，选择 Win32 Console Application；在右边的相应对话框中，输入工程名称及保存的位置。单击“确定”按钮后，进入图 1.6 所示的界面，选择“一个空工程”选项后，单击“完成”按钮，工程创建完成。

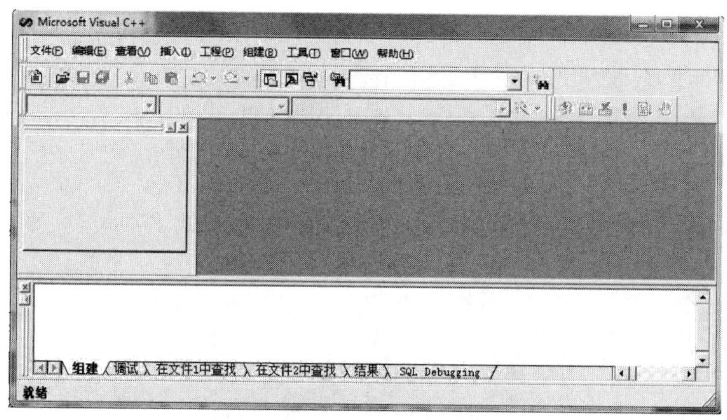

图 1.4　VC++ 6.0 集成开发环境

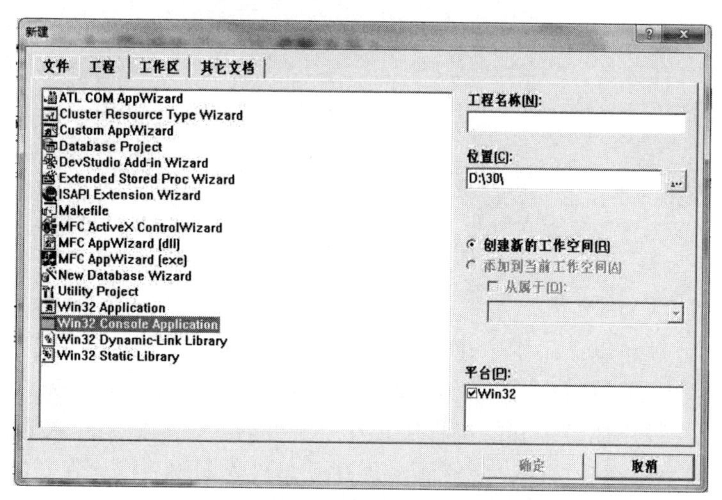

图 1.5　新建工程

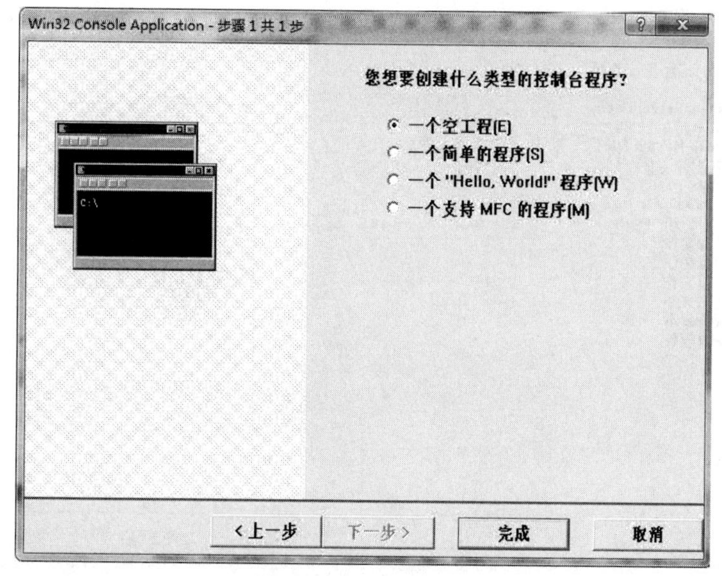

图 1.6　工程创建完成

VC++ 6.0 集成开发环境的工程编辑界面，如图 1.7 所示。工程下有三个虚拟文件目录，分别用于管理工程中的各类文件。其中，Source Files 存放源文件，Header Files 存放源文件所需的、用户自定义的头文件，Resource Files 则存放其他相关的资源文件。需要注意的是，这三个文件目录在工程存放的实际目录中是不存在的。

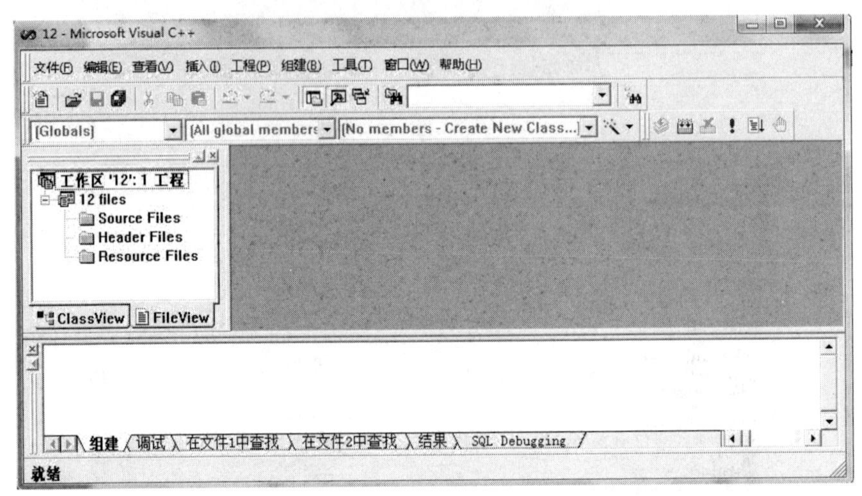

图 1.7 工程编辑界面

2. 新建源文件

在创建工程后，就可以在工程中建立 C 程序了。在“文件”菜单下选择“新建”命令，弹出图 1.8 所示的对话框，选择“文件”选项卡，单击 C++ Source File，在对话框右边勾选“添加到工程”把该源文件添加到创建的工程中。在“文件名”文本框中输入要建立的 C 程序的名字，如 1.c。单击“确定”按钮，完成源文件建立，进入编辑界面，在右侧的空白处就可以编辑 C 程序了，如图 1.9 所示。

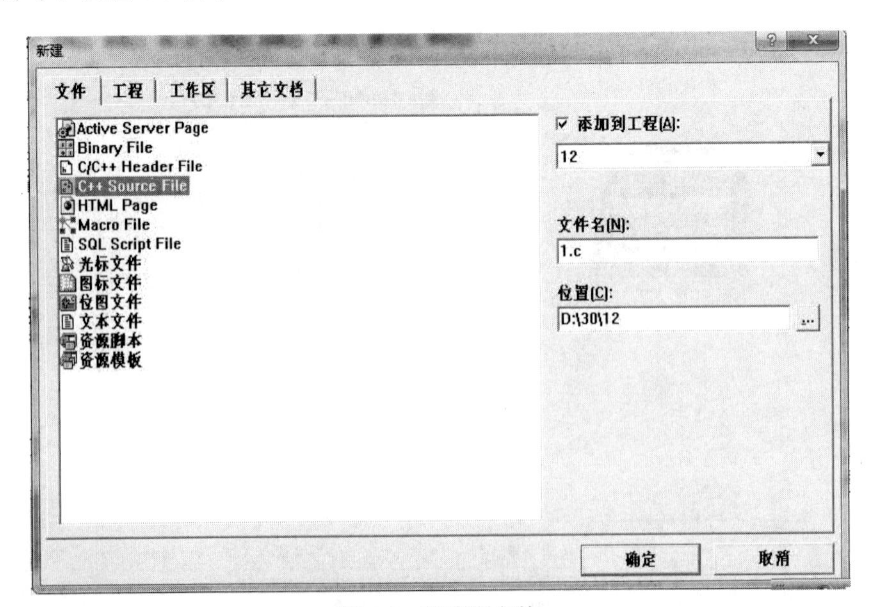

图 1.8 新建源文件

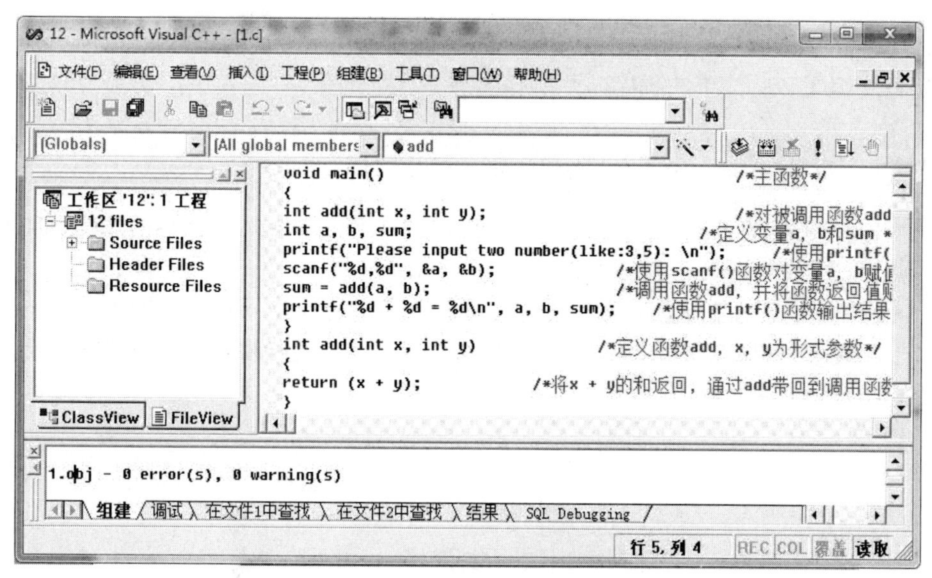

图 1.9　源程序编辑界面

3. 编译源程序

编译 C 程序的时候，在“组建”菜单中选择“编译”命令（也可以使用组合键 Ctrl+F7）。这时，在集成环境下方的消息（Build）框中会出现编译情况说明，若说明为 0 个错误（error），0 个警告（warning），则表明程序没有语法错误，可以继续链接目标程序；若存在错误（error）不为 0，则说明程序存在错误需要修改，此时无法进行后续的链接目标源文件工作。

4. 链接目标程序

C 程序编译没有错误后，即可生成目标程序文件，此时还需要与系统提供的库函数等进行链接，才能得到可执行的目标程序文件。链接的方法是选择“组建”下拉菜单中的“组建”命令，如果不出现错误，就会得到一个后缀为.exe 的可执行文件。

5. 执行程序

如果链接没有错误，则可以在集成环境中执行程序，并查看运行结果。选择“组建”下拉菜单中的“执行”命令（也可以使用 Ctrl+F5 组合键），系统就会执行已经编译和链接好的可执行文件。运行时，如果程序需要输入数据，则屏幕会切换到运行窗口，等待编译者输入数据。输入数据后，就会显示运行结果。

6. 退出 VC++ 6.0 集成开发环境

程序调试完成后，可以选择“文件”下拉菜单中的“退出”命令或者单击“关闭”窗口按钮来退出 VC++ 6.0 集成开发环境。

1.3　小　　结

本章概述了 C 语言的发展历程、发展趋势和特点，并通过几个具体的示例程序对 C 程序中的文件包含预处理指令、main()函数、注释、变量的定义、输入输出函数的使用、函数的定义与调用、赋值运算符的使用以及怎样使用 VC++ 6.0 集成开发环境来运行一个 C 程序进行了说明。

学习本章，读者需要把注意力放在怎样编写第一个程序上。通过本章的学习，读者能够仿照示例程序编写一些简单的程序，并能够熟练掌握每个知识点的使用方法。

编程注意事项与技巧

（1）在实际练习的过程中，可以不必像例 1.1 程序那样写出详尽的注释，只是对于一些比较复杂难懂的语句给出注释。

（2）在编写程序时，需要注意的是，源程序中的“{”和“}”必须是一一匹配的。为了便于今后的检查，建议使用 Tab 键将某些语句进行缩进，让一对花括号在程序中处于同一列中。如：

```
{
    …
}
```

（3）C 程序中语句结束时的;千万不要漏掉。

（4）使用 VC++ 6.0 集成开发环境编译 C 程序出错时，光标所停留的那一行有可能不是出错行，需要在这一行的上下几行中查找错误。

1.4 习　　题

1．请根据自己的认识，写出 C 语言的主要特点。

2．C 语言的主要用途是什么？它和其他高级语言有什么异同？

3．指出下列变量的使用是否合法：

int 1A，int main，&123_b，&_C，int %d，&return

4．C 语言以函数为程序的基本单位，这有什么好处？

5．请写出一个 C 程序的基本构成部分。

6．请编写一个 C 程序，输出以下信息：

```
**************************************
*          Hello，C program!          *
**************************************
```

7．请编写一个 C 程序，从键盘上输入两个整数，求出这两个数的积，并将结果输出在屏幕上（提示：C 语言中的乘法运算符是“*”）。

第 2 章　数据类型、运算符和表达式

2.1　C 语言的数据类型

为什么 C 语言的数据要分为不同的类型呢？因为在计算机中，数据存放在存储单元中，而存储单元是有限的，每一个存储单元存放数据的范围也是有限的，不能存储无限多的数据。C 语言中的数据类型，就是不同种类的数据在存储单元中的存放方式，以及包括数据需要的存储单元的长度（单位：字节）。

C 语言支持的数据类型如图 2.1 所示。

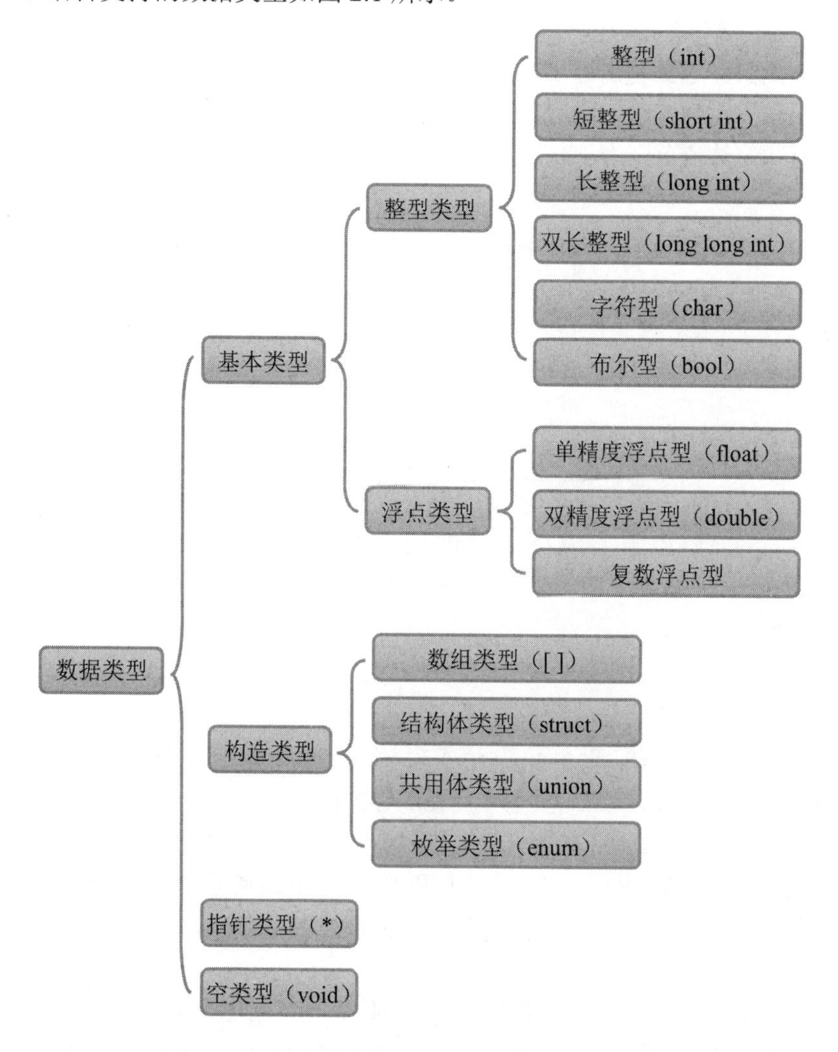

图 2.1　C 语言数据类型

2.1.1 整型

整型就是没有小数部分的数据，在C语言中，小数点永远不会出现在整数中。例如：2、-23和1234都是整数，3.14、0.26和3.00都不是整数。整数以二进制数存储，例如：整数7的二进制表示为111，在8位字节中存储它需要将前5位置0，后三位置1，形如“00000111”。

整型数据有四种类型：整型、短整型、长整型和双长整型。

1. 整型

整型的类型名为int。不同的编译系统为整型数据分配的字节数是不相同的，例如Tubro C 3.0分配2个字节，VC++ 6.0则分配4个字节，字节数的多少决定着这个数值的范围。

实际上，数值在计算机内是以补码的方式来表示的。在Tubro C 3.0中，一个int型变量，系统分配2个字节，最大数为0111111111111111，最高位的符号位为0，其他都为1，数值为2^{15}-1（32767）；最小数为1000000000000000，最高位的符号位为1，其他都为0，数值为-2^{15}（-32768）。

在Tubro C 3.0中，一个整型（int）变量只能容纳-32768～32767范围内的数，无法表示大于32767或小于-32768的数。遇到超出这个范围的数就会发生“溢出”，但系统运行时并不会报错，就好像里程表一样，达到最大值以后，又从最小值开始计数。而在VC++ 6.0中，整型变量占4个字节，其容纳的数值范围为-2^{31}～2^{31}-1，即-2147483648～2147483647。

随 堂 练 习

写出下面程序的运行结果，并在VC++ 6.0环境下运行，检查自己的结果是否正确，并分析原因。

```c
#include <stdio.h>
int main()
{
    int a, b;
    a=32767;
    b=a + 1;
    printf("%d,%d\n", a, b);
    return 0;
}
```

2. 短整型

短整型的类型名为short int或short，Tubro C 3.0和VC++ 6.0编译系统都是占用2个字节存储，存储方式与整型（int）相同，取值范围为-32768～32767。

3. 长整型

长整型的类型名为long int或long，Tubro C 3.0和VC++ 6.0编译系统都是占用4个字节存储，存储方式与整型（int）相同，取值范围为-2147483648～2147483647。

4. 双长整型

双长整型的类型名在VC++ 6.0编译系统使用“__int64”（两个下划线），在GCC编译系统中使用long long int，都占用8个字节存储，存储方式与整型（int）相同，取值范围为-2^{63}～2^{63}-1。

双长整型是 C99 新增的类型，因此一些 C 语言编译系统还不能完全实现。布尔型也是这种情况。

5. 无符号整数

以上介绍的整型数据类型在计算机内部存储时都以补码形式存在，存储单元中最高位代表符号。而在实际应用中，有些数据的取值只能是非负值（如年龄、销售数量、库存数量等）。为了充分利用计算机的存储单元，C 语言允许将量定义为“非负”类型，即“无符号”类型。在上述 4 种整型类型名前加入修饰符 unsigned，表示该量为无符号整数类型。以上整数类型的位数和取值范围见表 2.1。

表 2.1　整数类型的位数和取值范围

数据类型名	字节数	位数	取值范围
int（Turbo C 3.0）	2	16	-32768～32767，即-2^{15}～$2^{15}-1$
unsigned int（Turbo C 3.0）	2	16	0～65535，即 0～$2^{16}-1$
int（Visual C++ 6.0）	4	32	-2^{31}～$2^{31}-1$
unsigned int（Visual C++ 6.0）	4	32	0～$2^{32}-1$
short [int]	2	16	-32768～32767，即-2^{15}～$2^{15}-1$
unsigned short [int]	2	16	0～65535，即 0～$2^{16}-1$
long [int]	4	32	-2^{31}～$2^{31}-1$
unsigned long [int]	4	32	0～$2^{32}-1$
__int64（Visual C++ 6.0）	8	64	-2^{63}～$2^{63}-1$
unsigned __int64（Visual C++ 6.0）	8	64	0～$2^{64}-1$
long long [int]（GCC）	8	64	-2^{63}～$2^{63}-1$
unsigned long long [int]（GCC）	8	64	0～$2^{64}-1$

有符号整数类型的存储单元中最高位代表符号，数字 0 代表正数，数字 1 代表负数。比如 2 个字节有符号整型数据，总位数为 16，用于存储数值的位数为 15。对于无符号整数类型，用于存储数值的位数比同类型的有符号整数类型多出 1 位。

6. 整型常量

在程序中出现的形如数学中的整数，即为整型常量，如例 1.2 中的 222 和 333。其他数据类型的常量与此相似。

7. 整型变量

变量的定义方法如下：

数据类型名 变量名 1[,变量名 2[,变量名 3…]]

这里的数据类型名可以是 C 语言语法允许的任意一种类型名。变量名是标识符的一种，按照 2.4 节中标识符的命名规则命名，方括号（[ ]）里面的内容是可选项，可有可无。

例如：

```
//定义一个变量
int a;
//定义多个变量
long int sum, average;
```

```
//定义变量同时初始化变量值
float r=3.5;
```

2.1.2 浮点型

浮点数（floating-point number）可以和数学中的实数（real number）的概念相对应。2.75、7.00、3.16E3 等都是浮点数。注意：加了小数点的数是浮点型值，所以 7 是整数类型，而 7.00 是浮点型。

浮点型数据有两种表现形式：

（1）十进制小数形式。它由数字和小数点组成，注意：必须有小数点。如 1.2、0.0、4.、.17、2.0 都是十进制小数形式。

（2）指数形式。如 1.23E5 或 1.23e5 都代表 1.23×10^5。但注意在字母 E 或 e 之前必须有数字，且 E 或 e 后面的指数必须为整数。如 e3、2.1E3.5、.e3、e 都不是合法的指数表现形式。

一个浮点型数据一般在内存中占 4 个字节（32 位）。与整数的存储形式不同，浮点型数据是按照指数形式存储的。系统将一个浮点型数据分成小数部分和整数部分分别存放，而指数部分采用规范化的指数形式。如 3.14159 在内存中的存放形式如图 2.2 所示。

图 2.2 浮点型数据的存储形式

在浮点型数据存储的 4 个字节（32 位）中究竟用多少位来表示小数部分，多少位来表示指数部分，在标准 C 中并没有具体的规定，由 C 编译系统自己决定。不少的编译系统都是采用 24 位表示小数部分（包括符号位），8 位表示指数部分（包括指数的符号）。小数部分占的位越多，数据的精度就越高；指数部分占的位越多，则能表示的数值范围越大。

由于浮点型数据是由有限的存储单元组成的，因此能提供的有效数字总是有限的。在有效位以外的数字将会被舍去，由此可能产生一些误差。

浮点型变量可分为单精度浮点型（float）、双精度浮点型（double）和长双精度浮点型（long double）。浮点型数据的有效数字和取值范围见表 2.2。

表 2.2 浮点型数据的有效数字和取值范围

类型	位数	有效数字	取值范围
float	32	6～7	$-3.4\times10^{-38}\sim3.4\times10^{38}$
double	64	15～16	$-1.7\times10^{-308}\sim1.7\times10^{308}$
long double	128	18～19	$-1.2\times10^{-4932}\sim1.2\times10^{4932}$

在标准 C 中并未规定每种类型数据的长度、精度和取值范围。有的系统将 double 型所增加的 32 位全部用于存放小数部分，这样可以增加数值的有效位数，减少舍入误差。而有的系统则将所增加位的一部分用于存放指数部分，这样可以扩大数值的范围。

对于浮点型常量，C 语言编译系统都是作为双精度（double）型数据来处理的。如：

```
float f;
f=2.34567 * 1234.56;
```

系统先把 2.34567 和 1234.56 作为双精度数，然后进行相乘运算，得到的乘积也是一个双精度数。最后取结果的前 7 位赋值给变量 f。这样做可以使得计算结果更精确，但是运算速度降低了。如果是在数的后面加上字母 f 或者 F（如 1.23f、45.67F），这样编译系统就会把它们按单精度数来处理。实际上，一个浮点型常量可以赋给 float、double 或 long double 型的变量，系统将会根据变量的类型截取常量中相应的有效位数。如：

```
float a;
a=123456.789;
```

由于 float 型的变量只能接收 7 位有效数字，因此最后的两位小数将不起作用。如果 a 是 double 型，则可以接收全部的 9 位数字。

小提示：整型数据和浮点型数据的区别

（1）整数没有小数部分，浮点数有小数部分。

（2）浮点数可以表示比整数范围大得多的数。

（3）对于一些算术运算（如两个很大的数相减），使用浮点数会损失更多精度。

（4）在任何区间内，如 1.0 和 2.0 之间都存在无穷多个浮点数，所以浮点数不能表示区域内所有的值。浮点数往往只是实际值的近似，如 7.0 可能以 6.99999 存储。

（5）浮点数的运算通常比整数慢。

2.1.3 字符型

字符型数据的类型名为 char，用于存储字母和标点符号之类的单个字符。但是在技术实现上字符型数据却是按整数类型处理的，因为字符类型数据实际存储的是整数而不是字符。为了处理字符，计算机使用了一种数字编码，用特定的整数表示特定的字符，即 ASCII 码。在 ASCII 码中，整数值 65 代表大写字母 A，因此要存储大写字母 A，实际上存储的是整数 65。

定义字符型变量和定义其他类型变量的方式相同，如：

```
char c;
char ch1, ch2;
```

这段代码创建了 3 个字符型的变量：c、ch1 和 ch2。一个字符型变量在内存中占一个字节。

在内存中，字符型数据以 ASCII 码存储，它的存储形式与整数的存储形式类似。这就意味着字符型数据和整型数据之间可以通用。

例 2.1 字符型数据的两种输出形式。

```
#include <stdio.h>
int main()
{
    char c1, c2;
    c1=97;
    c2='b';
    printf("%4c%4c\n", c1, c2);          /*以字符型的形式输出*/
    printf("%4d%4d\n", c1,c2);           /*以十进制整数的形式输出*/
    return 0;
}
```

在例 2.1 程序中，定义了两个字符型的变量 c1 和 c2，然后将整数 97 赋值给变量 c1，将字符型常量'b'赋值给变量 c2，然后分别以字符的形式和十进制整数的形式输出变量 c1 和 c2。程序的运行结果如图 2.3 所示。

图 2.3 例 2.1 程序运行结果

程序中，c1=97 将整数 97 赋值给变量 c1，实际上是把 97 直接存放到 c1 的内存单元中；而 c2='b'则是先将字符'b'转换成 ASCII 码 98，然后存放到变量 c2 的内存单元中。二者的作用和结果是相同的。

可以看到，字符型数据和整型数据是可以通用的。它们既可以用字符的形式输出（%c），也可以用整数的形式输出（%d）。但是需要注意的是，字符型数据只占一个字节，它只能存放 0～255 范围内的数。

26 个英文字母的 ASCII 码都是连续的，并且相应大小写字母的 ASCII 码值正好相差 32。据此可以很容易地实现大小字母的相互转换。

例 2.2 大小写字母转换。

```
#include <stdio.h>
int main()
{
    char c;
    printf("Please input a lower character: ");
    scanf("%c", &c);
    c=c - 32;
    printf("%c\n ",c);
    return 0;
}
```

从键盘上输入一个小写字母，将其转换成大写字母并输出，其运行结果如图 2.4 所示。

图 2.4 例 2.2 程序运行结果

从例 2.2 程序可以看出，C 语言允许字符数据与整型数据直接进行算术运算。如'A'+32 就会得到整数 97，'a'-32 就会得到整数 65。同时字符型数据与整型数据可以互相赋值。如下列是合法的：

```
int i;
char c;
i='b';
c=98;
```

C 语言中的字符常量是用单撇号括起来的单个字符，如'a'、'X'、'?'、'$'都是字符常量。除了这种形式的字符常量之外，C 语言还允许用一种特殊形式的字符常量，即以一个字符“\”开头的字符序列。这是一种“转义字符”，在屏幕上不能显示，在程序中也不能用一般形式的字符表示，只能采用特殊的形式来表示。如前面已经提到的 printf()函数中的“\n”，它代表一个换行符。常用的转义字符及含义见表 2.3。

表 2.3　常用的转义字符及含义

字符形式	含义	ASCII 码
\n	换行，将当前位置移到下一行开头	10
\t	水平制表（跳到下一个 Tab 位置）	9
\b	退格，将当前位置移到前一列	8
\r	回车，将当前位置移到本行开头	13
\f	换页，将当前位置移到下页开头	12
\\	代表一个反斜杠字符“\”	92
\'	代表一个单引号字符	39
\"	代表一个双引号字符	34
\ddd	1 到 3 位八进制数所代表的字符	—
\xhh	1 到 2 位十六进制数所代表的字符	—

转义字符是将“ \ ”后面的字符转换成相应的控制操作。需要注意的是，表中倒数第二行是以一个 ASCII 码（八进制数）表示一个字符。例如“\101”代表 ASCII 码（八进制数）为 101 的字符'A'，“\376”代表图形字符“■”。可见用表 2.3 中的方法可以表示任何可输出的字母字符、专用字符、图形字符和控制字符。“\0”或者“\000”是代表 ASCII 码为 0 的控制字符，常用于字符串的结束标志。

例 2.3　转义字符示例。

```
#include <stdio.h>
int main()
{
    float salary;
    printf("Please input your desired monthly salary:");                    //语句 5
    printf(" RMB_______\b\b\b\b\b\b\b");                                     //语句 6
    scanf("%f", &salary);                                                    //语句 7
    printf("\tRMB %.2f a month is RMB %.2f a year. \n ", salary, salary * 12.0);    //语句 8
    return 0;
}
```

例 2.3 程序根据我们输入的每月的薪水来计算年薪，其运行结果如图 2.5 所示。

图 2.5　例 2.3 程序运行结果 1

从图 2.5 可以看出，由于程序中使用了转义字符，使得程序运行的结果跟想象中的有一些出入，下面来分析此程序。语句 5 直接在屏幕上输出：

Please input your desired monthly salary:

由于字符串结尾没有"\n"，所以光标仍然停留在冒号后面。语句 6 紧接着前面的语句输出，则屏幕如图 2.5 所示。

语句 6 中的 printf()函数里面的字符串以空格开始，所以输出时冒号和 RMB 之间有一个空格，并再显示出 7 个下划线。双引号里面的 7 个退格字符“\b”使光标左移 7 个位置，即把光标向左移动 7 个下划线字符，紧跟在 RMB 的后面（图 2.5）。通常退格字符不会删除退回时所经过的字符。这时，如果输入 3600.00，则屏幕如图 2.6 所示。

图 2.6　例 2.3 程序运行结果 2

此时输入的字符代替了下划线字符。单击键盘上的回车键，语句 7 中的变量 f 接收到数据 3600.00，光标随之移动到下一行起始位置。

语句 8 中的 printf()函数里面的字符串以“\t”开始，“\t”使光标移到该行的下一个制表位（一个 Tab 键所移动的位置），然后输出字符串的其余部分。该句执行完毕时，屏幕如图 2.7 所示。

图 2.7　例 2.3 程序运行结果 3

字符常量是用单撇号括起来的单个字符。C 语言中除了字符常量外还有字符串常量，简称字符串（character string）。字符串就是一个或者多个字符的序列。例如：

"This is a string."

需要注意的是，和字符常量的单撇号一样，字符串的双引号不是字符串的一部分，它只是告知编译器，在双引号里面包含了一个字符串。C 语言中没有专门的字符串类型，字符串都是采用字符数组来处理的，字符串中的字符按顺序存储在相邻的存储单元中，每个字符占用一个存储单元，如图 2.8 所示。而数组就是由这些相邻的存储单元所组成的。

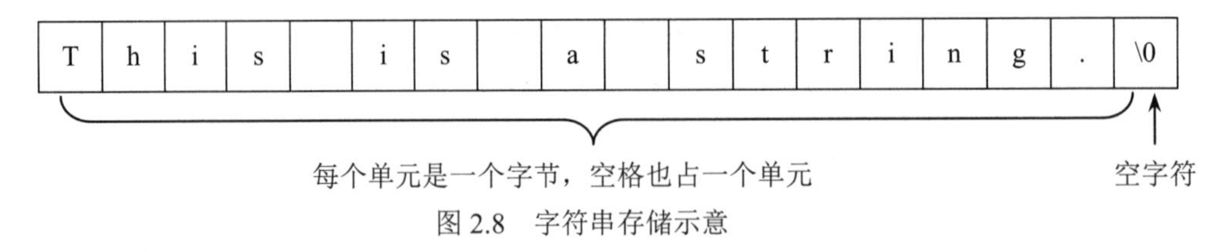

图 2.8　字符串存储示意

在图 2.8 中，最后一个字符"\0"是一个空字符，其 ASCII 码为 0。C 语言中用它来表示字符串的结束。也就意味着存储字符串的数组的单元数必须要比字符串的字符数至少多一个。需要注意的是，在写字符串的时候'\0'是系统自动添加的，不需要人为添加。例如：

printf("This is a string.")

在输出的时候，从第一个字符逐个输出，直到遇到后面的'\0'，系统认为字符串已经结束，则停止输出。

小提示：字符常量和字符串的区别

字符常量是用单撇号括起来的单个字符，如'a'；而字符串则是用双引号括起来的一个或者多个字符，如"china"。需要注意的是'a'和"a"是不同的，前者是字符常量，而后者是字符串。"a"实际上是由'a'和'\0'组成的。所以如果有：

```
char c;
c="a";
```

是不正确的，因为不能将一个字符串赋值给一个字符变量。

随 堂 练 习

写出下面语句的结果：

```
printf("abc\064\\\"def\x1e\n");
printf ("abc\t\0def\n");
```

2.2 常　　量

在程序的整个运行过程中，其值不会发生变化的量称为常量。例如计算圆面积中用到的圆周率π。

常量分为不同的类型，-13、8、0234、0x234 为整型常量，其中，八进制整数常量以“0”开头，如 0234 表示八进制数 234；以“0x”开头的常量为十六进制常量，如 0x234 表示十六进制的 234。4.6、-12.6、2.14e3 为实型常量，'a'、'A'为字符型常量。"welcome to c world!"为字符串型常量。常量一般从其字面形式即可判别其类型。

用一个标识符来代表一个常量，称为符号常量，如例 2.4 所示。

例 2.4　已知圆的半径，求圆的周长和面积。

```
#include <stdio.h>
#define PI 3.14159
int main()
{
    float r ;
    r=3.5;
    printf("l=%5.2f\ns=%5.2f\n", 2.0 * PI * r, PI * r * r);
    return 0;
}
```

本题已知圆的半径为 3.5，求圆的周长和面积，结果如图 2.9 所示。

```
l = 21.99
s = 38.48
Press any key to continue
```

图 2.9　例 2.4 运行结果

例 2.4 程序中的 PI 即是符号常量，用标识符 PI 来代替 3.14159。这种符号常量的定义方法也称为不带参数的宏定义，其一般形式如下：

```
#define 标识符 字符串
```

它的作用是在本程序文件中用指定的标识符来代替后面的字符串。如例 2.4 程序，在编译预处理时，将程序中所有在#define PI 3.14159 命令之后出现的 PI 都用 3.14159 来代替。这种方法使编译者能以一个简单的名字来代替一个比较长的字符串，因此把这个标识符称为“宏名”。在编译预处理时将宏名替换成字符串的过程称为“宏展开”，#define 是宏定义命令。

2.3 变　量

例 2.4 程序中的 r 就是变量，变量在程序中有确定的名称和特定的属性，并能够存储数据。在程序运行过程中，变量的值允许发生变化。

以例 2.4 程序中的变量 r 为例。r 为变量名，语句“r =3.5;”将常量 3.5 赋值给变量 r，此时 r 中存放的是数值 3.5，那么数值 3.5 就是此时 r 的变量值。这里 r 可以存放 3.5，也可以存放其他数值，就像是一个容器，故将这个存放数据的“容器”称为变量，如图 2.10 所示。

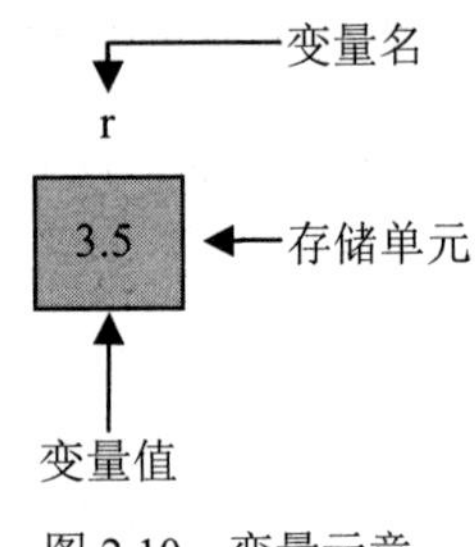

图 2.10　变量示意

变量必须先定义，才能使用。例 2.4 中的语句“float r;”就是对变量 r 的定义，语句“r=3.5;”就是使用变量 r 存储数值 3.5。

2.4 标 识 符

C 语言中，符号常量名、变量名都被称为标识符，之后要讲到的函数、数组等的命名使用的符号序列也是标识符的一种。如例 2.4 中，语句“#define PI 3.14159”中的 PI，语句“float r;”中的 r 和语句“printf("l=%5.2f\ns=%5.2f\n", 2.0 * PI * r, PI * r * r);”中的 printf，都是标识符。

C 语言规定标识符只能由字母、下划线和数字三种字符构成，并且首字符必须为字母或下划线。

下面列出的标识符为合法标识符：

a、b3、sum、point、average、year、_name、Day、BASIC

下面列出的标识符为不合法标识符：

3b、M.J.、$sum、?9s

2.5　运算符和表达式

C 语言提供了各种不同的数据类型，程序需要对这些数据进行运算，运算就需要使用运算符。C 语言提供了丰富的运算符包括算术运算符、自增/自减运算符、关系运算符、逻辑运算符、赋值运算符、条件运算符、逗号运算符和 sizeof 运算符等。表达式就是利用运算符将数据连接在一起完成运算的式子。

2.5.1　算术运算符和算术表达式

在 C 语言中，算术运算符包含正号、负号、加、减、乘、除、求余。常用的算术运算符及含义见表 2.4。

表 2.4　常用的算术运算符及含义

运算符	名称	举例	含义	结果
+	正号运算符	+a	求 a 的值	10
-	负号运算符	-a	求 a 的相反数	-10
+	加法运算符	a+5	求 a 和 5 的和	15
-	减法运算符	a-5	求 a 和 5 的差	5
*	乘法运算符	a*3	求 a 和 3 的乘积	30
/	除法运算符	a/2	求 a 除以 2 的商	5
%	求余运算符	a%2	求 a 除以 2 的余数	0

表中，变量 a 的值为 10。

小提示：C 语言的算术运算符

在 C 语言的运算符中，加法、减法、正号、负号的形式与数学中的符号形式一致，乘法运算符用“*”，除法运算符用“/”，求余运算符用“%”。

除法运算中，两个浮点数相除，结果为双精度浮点数，如 2.56/0.8 的结果为 3.2。两个整数相除，得到的结果只保留整数部分，舍去小数部分，如 5/3 的结果为 1。如果两个整数异号，在 VC++ 6.0 编译系统中，结果仍然是只保留整数部分，而舍去小数部分，-5/3 的结果为-1。少部分编译系统计算-5/3 的结果为-2。如果需要得到 5/2 带小数的结果，可以写成 5.0/2 或 5.0/2.0。

在求余运算中，要求参加运算的运算对象都为整数，结果也为整数，如 5%3 的结果为 2。

算术表达式是用算术运算符和圆括号把运算对象（常量、变量和函数）连接起来构成的合法的算式。

例如：5，a，5+3，5.8/2.3，a*b+c/2，x*(y+z%3)。

在算术表达式中，运算对象可以是整型、浮点型、字符型的常量、变量及函数，运算对象按照算术运算符的规则进行运算，得到的结果就是算术表达式的值。

小提示：C语言的算术表达式

一个单独的数或变量也是算术表达式，例如5，a等。

乘号运算符（*）不能省略，也不能写成·，例如x乘以y应写成x*y。

表达式从左到右在同一基准线上书写，不能出现上下标，例如a^2应写成a*a，$\frac{ab}{2}\cdot c$应写成a*b/2*c。

数学运算中的括号在C语言中只能用圆括号，其他括号都使用圆括号代替，左右括号必须配对出现，可以使用多层圆括号，运算时从内向外计算表达式的值，例如[3+5×(2+3)]÷4应写成(3+5*(2+3))/4。

在同一个算术表达式中含有多个算术运算符时，按照图2.11的顺序计算。

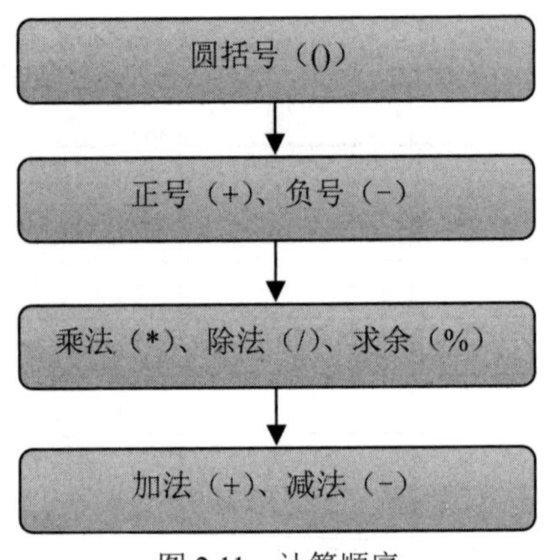

图2.11　计算顺序

2.5.2　自增/自减运算符

自增/自减运算符是C语言特有的运算符，自增运算符为++，自减运算符为--，可以放在变量前或变量后，共有4种使用形式，见表2.5。

表2.5　自增/自减运算符

运算符	名称	举例	含义
++	自增运算符（前缀）	++i	在使用变量i前，先将i的值加1
--	自减运算符（前缀）	--i	在使用变量i前，先将i的值减1
++	自增运算符（后缀）	i++	先使用变量i，然后将i的值加1
--	自减运算符（后缀）	i--	先使用变量i，然后将i的值减1

2.5.3　关系运算符和关系表达式

在C语言中提供了6种关系运算符，见表2.6。在表2.6中，前4种关系运算符（<、<=、>、>=）的优先级别相同，后2种（==、!=）的优先级别相同，且前4种高于后2种。关系运算符的优先级别低于算术运算符，高于赋值运算符。

表 2.6　关系运算符

运算符	含义
<	小于
<=	小于或等于
>	大于
>=	大于或等于
==	等于
!=	不等于

用关系运算符将两个表达式连接起来的式子称为关系表达式。如：

5 > 3，a < b + 2，a + b != c + d，c =='x'

都是合法的关系表达式。

关系表达式也有一个返回值，与算术表达式不一样，关系表达式的返回值只有两种情况："成立"或者"不成立"。所以在 C 语言中用"真"和"假"来描述这两种情况。例如，5<6 的返回值是"真"，而 4>=10 的返回值是"假"。

在 C 语言中没有逻辑型数据来描述"真"或"假"，而是采用 1 或 0 来表示关系表达式的结果。如果某个关系表达式的值为"真"，则这个关系表达式的值就是 1；如果为"假"，则值为 0。

2.5.4　逻辑运算符和逻辑表达式

C 语言中提供了 3 种逻辑运算符，见表 2.7。表中&&和||是双目运算符，要求有两个运算量，如(a < b)&&(c > d)、(a < b)||(c > d)。"!"是单目运算符，只需要一个运算量，如!(a < b)。

逻辑运算符的优先级别由高到低是：!、&&、||。其中&&和||低于关系运算符，而!高于算术运算符。

表 2.7　逻辑运算符

运算符	举例	运算规则
&&（逻辑与）	a && b	若 a、b 同时为真，则 a && b 为真，除此之外都为假
||（逻辑或）	a || b	若 a、b 之一为真，则 a || b 为真
!（逻辑非）	!a	若 a 为真，则!a 为假；反之，若 a 为假，则!a 为真

用逻辑运算符将关系表达式或逻辑量连接起来的式子就是逻辑表达式。跟关系表达式一样，逻辑表达式的返回值也是一个逻辑量"真"或"假"。在表示逻辑表达式的计算结果时，仍然使用数值 1 代表逻辑真，数值 0 代表逻辑假。但在判断某一个量是否为真的时候，则是以 0 代表假，以非 0 代表真。如：

若 a=5，b=0，c=2，则!a 的值为 0，因为 a 的值为 5，是一个非 0 值，被认作"真"。同理!b 的值为 1，a && c 的值为 1。

小提示：逻辑表达式的求解

在求解逻辑表达式的过程中，并非所有的逻辑运算符都会被执行，只是在必须执行下一个逻辑运算符才能求出表达式的解时，才执行该运算符。如:

（1）a && b && c 只有在 a 为“真”的时候，才需要判断 b 的值，同时，也只有在 a 和 b 都为“真”的情况下才需判断 c 的值。因此，只要 a 为“假”，就不必判断 b 和 c 就可以确定整个表达式的值为“假”。同理，若 a 为“真”，b 为“假”，也不必判断 c。

（2）a || b || c 只要 a 为“真”，就不必判断 b 和 c。只有 a 为“假”才判断 b，或者 a 和 b 都为“假”，才判断 c。

例如当 a=1，b=2，c=3，d=4，m=1，n=1 在执行表达式（m=a > b）&&（n=c > d）后，由于 a > b 的值为 0，因此 m=0，而 n=c > d 不被执行，此时 n 仍保持原值 1。

2.5.5 赋值运算符和赋值表达式

赋值运算符用于赋值运算，包括赋值运算符（=）和复合赋值运算符（+=、-=、*=、/=、%=）。

1. 赋值运算符

赋值运算符（=）的左侧必须是变量，右侧是表达式。赋值运算符的功能是先计算右侧表达式的值，然后把表达式的值赋给左侧的变量。

例如，a=5 就是将常量 5 放在变量 a 中存储，a 中原来的值会被覆盖。

小提示：C 语言的赋值运算符

赋值运算符的左侧通常是变量，不能是常量或算术表达式，例如表达式 a+b=5、5=a 都是不合法的表达式。

在 C 语言中，“=”是赋值运算符，没有判断两侧是否相等的功能。

2. 复合赋值运算符

赋值运算符（=）前加上其他运算符，可以构成复合赋值运算符。

如果在=前加+就成为复合赋值运算符+=，+=的功能是先计算右侧的表达式的值，然后加上左侧变量的值，再将值赋给左侧的变量。复合赋值运算符的运算规则见表 2.8。

表 2.8 复合赋值运算符

运算符	名称	举例	运算规则	结果
+=	加赋值运算符	a+=2	相当于 a=a+2	12
-=	减赋值运算符	a-=2	相当于 a=a-2	8
*=	乘赋值运算符	a*=2	相当于 a=a*2	20
/=	除赋值运算符	a/=2	相当于 a=a/2	5
%=	模赋值运算符	a%=2	相当于 a=a%2	0

表中，变量 a 的值为 10。

2.5.6　条件运算符和条件表达式

在 C 语言中有一个条件运算符（? :）。如下例：

max = (a > b)?a:b;

其中 max = (a > b)?a:b 是一个条件表达式。它的执行过程是：如果 a>b 为真，则条件表达式取值 a；否则取值 b。无论表达式 a>b 成立与否，都会执行一个赋值语句，并且向同一个变量 max 赋值。

条件运算符要求有 3 个操作对象，称为三目运算符，它是 C 语言中唯一的一个三目运算符。其一般形式为：

表达式 1? 表达式 2: 表达式 3

其执行顺序为：先求解表达式 1，若为真（非 0），则求解表达式 2，并把表达式 2 的值作为整个条件表达式的值；若表达式 1 为假（0），则求解表达式 3，并把表达式 3 的值作为整个条件表达式的值。

对于条件运算符的使用，需要注意以下几点：

（1）条件运算符的优先级别高于赋值运算符，但是比逻辑运算符、关系运算符和算术运算符要低。例如 max = (a>b)?a:b 这个表达式是先求解条件表达式，再将条件表达式的值赋值给变量 max。其中的括号也可以省略。

（2）条件运算符的结合方向为自右向左，如 a > b ? a : c > d ? c : d 等价于 a > b ? a : (c > d ? c : d) 。为了程序的可读性，建议加上括号。

（3）条件表达式中的表达式 2 和表达式 3 可以是任意的表达式。表达式 1 与表达式 2 和表达式 3 的类型也可以不同。

2.5.7　逗号运算符和逗号表达式

C 语言中，逗号既可以用作分隔符，也可以用于数据计算。由逗号连接的表达式称作逗号表达式。逗号表达式的一般形式为：

表达式 1,表达式 2,表达式 3,…,表达式 n

逗号表达式的运算规则是：先计算表达式 1 的值，再计算表达式 2 的值，依此类推，整个逗号表达式返回最后一个表达式 n 的值。

如下代码：

```
#include <stdio.h>
int main()
{
    int x,y,z;
    y=(x=2*7,x*8,x+17);
    printf("x=%d\ny=%d\n", x,y);
}
```

程序输出结果是 x=14，y=31。

2.5.8　sizeof 运算符

前面介绍了在不同的系统中同一种数据类型所占内存空间的字节数是不同的。那么如何确定一个数据类型在某一确定系统中所占的字节数呢？实际上，C 语言提供的 sizeof 运算符可以以字节为单位给出数据类型的大小。例如：

例 2.5 sizeof 运算符。

```
#include <stdio.h>
int main()
{
    printf("Type int has a size of %u bytes.\n", sizeof(int));
    printf("Type char has a size of %u bytes.\n", sizeof(char));
    printf("Type long has a size of %u bytes.\n", sizeof(long));
    printf("Type float has a size of %u bytes.\n", sizeof(float));
    printf("Type double has a size of %u bytes.\n", sizeof(double));
    return 0;
}
```

例 2.5 在 VC++ 6.0 环境中的运行结果如图 2.12 所示。

```
Type int has a size of 4 bytes.
Type char has a size of 1 bytes.
Type long has a size of 4 bytes.
Type float has a size of 4 bytes.
Type double has a size of 8 bytes.
Press any key to continue
```

图 2.12 例 2.5 程序的运行结果

2.6 数据类型的转换

整型、浮点型和字符型数据之间可以进行混合运算，如例 2.6 程序所示。

例 2.6 不同数据类型的混合运算。

```
#include <stdio.h>
int main()
{
    char ch;
    int i;
    float f;
    f=i=ch='C';                                 //语句 7
    printf("ch=%c, i=%d, f=%.2f\n", ch, i, f);  //语句 8
    ch=ch + 1;                                  //语句 9
    i=f + 2 * ch;                               //语句 10
    f=2.0 * ch + i;                             //语句 11
    printf("ch=%c, i=%d, f=%.2f\n", ch, i, f);  //语句 12
    ch=123456.78;                               //语句 13
    printf("Now ch=%c\n", ch);                  //语句 14
    return 0;
}
```

程序运行结果如图 2.13 所示。下面对例 2.6 进行分析。

```
ch = C, i = 67, f = 67.00
ch = D, i = 203, f = 339.00
Now ch = @
Press any key to continue
```

图 2.13　例 2.6 程序的运行结果

语句 7，字符'C'的 ASCII 码值存储在 1 个字节的变量 ch 中，整型变量 i 以 2 个字节的内存空间来存储由字符'C'转换而来的整数 67。最后，67 被赋值给浮点型变量 f，从而转换成浮点型数据，即 67.00。

语句 9，在 C 语言中，当 char 和 short 型变量出现在表达式里时，都将自动转换成 int 型。所以该行中的字符'C'被转换成整数 67，然后把该整数加 1，之后 2 个字节的整数 68 被截取为 1 个字节并存储在变量 ch 里面。当以%c 进行输出时，输出字符 D。

语句 10，同理 ch 的值（68）被转换成 2 个字节的整数，2 的乘积（136）为了和浮点型变量 f 相加而被转换成了浮点类型（136.00），结果（203.00）被转换成整型并存储在变量 i 中。

语句 11，2.0 为浮点型数据，ch 的值（'D'，即 68）被转换成浮点型数据 68.00，同样，为了做加法运算，i 的值（203）也被转换成浮点型数据 203.00，结果 339.00 被存储在变量中。

语句 13，由于字符型变量只能存储 0～255 范围内的整数，当将一个很大的数赋值给字符型变量时，系统截去高位，只留下低 8 位赋值给字符型变量。例如，该句先将 123456.78 转换成整数 123456，其二进制数是 11110001001000000，截取低 8 位 01000000，即十进制的 64，按%c 输出则会输出字符'@'。

从例 2.6 程序可以看出，不同类型的数据在进行混合运算时，都先转换成同一类型，然后再进行计算。如果是赋值语句，计算的最后结果被转换成被赋变量的类型。实际上，系统在进行数据类型转换的时候，会遵循图 2.14 所示的规则。图中横向向左的箭头表示必然的转换，即在表达式中，char 和 short 型的数据必然会被转换成 int 型的数据参与运算。同样，float 型的数据在运算时一律先转换成 double 型，以提高运算精度，即使两个 float 型的数据参与运算也不例外。

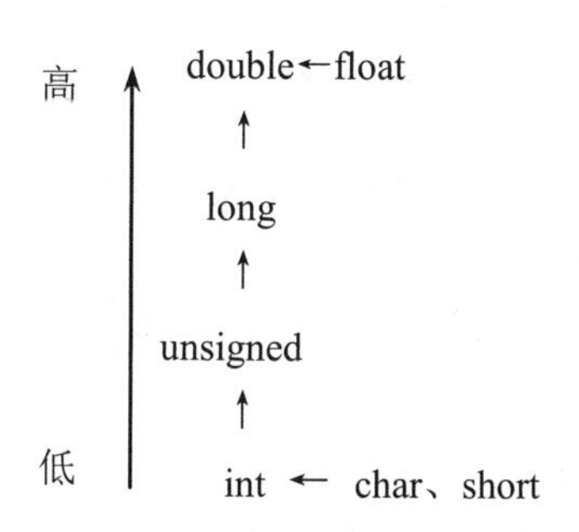

图 2.14　数据类型间的转换规则

纵向的箭头表示当运算对象为不同类型的数据时的转换方向。如，int 型的数据和 double 型的数据运算时，先将 int 型的数据转换成 double 型，然后在两个同类型（double）的数据间进行运算，结果也为 double 型。需要注意的是，箭头方向仅表示数据类型级别的高低，由低向高转换。不要误认为 int 型先转成 unsigned int 型，再转换成 long 型，然后再转换成 double

型。实际上，当 int 型数据与 double 型数据运算时，int 型数据直接转换成 double 型。同理，一个 int 型与 long 型数据运算，先将 int 型转换成 long 型。

上述数据类型间的转换由系统自动完成。但是在实际操作过程中，可能需要将 double 型或 float 型的数据转换成 int 型的数据，仅靠系统自动完成的转换无法办到，这个时候需要进行强制类型转换。例如：

例 2.7 数据类型强制转换。

```
#include <stdio.h>
int main()
{
    float x;
    int i;
    x=3.6;
    i=(int)x;
    printf("x=%f, i=%d\n", x, i);
    return 0;
}
```

程序的运行结果如图 2.15 所示。

```
x = 3.600000, i = 3
Press any key to continue
```

图 2.15 例 2.7 程序的运行结果

从结果可以看出浮点型数据 3.6 被强制转换成整型数据 3，然后赋值给变量 i。需要注意的是，此时变量 x 仍为 float 型，值仍然等于 3.6。

从例 2.7 程序可以看出，强制类型转换的一般格式为：

（类型名）（表达式）

例如：

```
(double)x  //将 x 强制转换成 double 型
(int)(x+y)  //将 x+y 的值强制转换成 int 型
```

需要注意的是，表达式应该用括号括起来，如果写成：

```
(int)x+y
```

则只是将 x 转换成 int 型，然后与 y 相加。(int)x 不要写成 int(x)。

2.7 小　结

本章主要介绍了以下几方面内容：

（1）C 语言的数据类型。C 语言有多种数据类型，本章介绍了整型、浮点型和字符型数据，对每种数据类型介绍了它在内存中的存储形式及其具体分类。

（2）变量与常量的基本概念。

（3）运算符与表达式。本章介绍了常用的算术运算符、自增/自减运算符、关系运算符、逻辑运算符、赋值运算符、条件运算符、逗号运算符和 sizeof 运算符的用法。

（4）数据类型转换。

2.8 习　　题

1．C 语言为什么要规定对所有用到的变量要“先定义，后使用”。这样做的好处是什么？

2．在 C 语言中，字符常量和字符串常量有什么区别？

3．计算以下表达式的值。

（1）x+a%3*(int)(x+y)%2/4

设 x=2.5，a=7，y=4.7。

（2）(float)(a+b)/2+(int)x%(int)y

设 a=2，b=3，x=3.5，y=2.5。

4．写出下列程序的运行结果。

```
void main()
{
 int i,j,m,n;
 i=8;
 j=10;
 m=++i;
 n=j++;
 printf("%d,%d,%d,%d\n",i,j,m,n);
}
```

5．写出下列表达式运算后 a 的值，设原来 a=12，a 和 n 已定义为整形变量。

（1）a+=a　　（2）a-=2

（3）a*=2+3　　（4）a/=a+a

（5）a%=(n%=2)，n 的值等于 5　（6）a+=a-=a*=a

6．从键盘上输入一个小写字母，编写一个程序，输出其对应的大写字母以及它们的十进制 ASCII 码。

7．一个水分子的质量约为 3.0×10^{-23}g，1 夸脱水大约为 950g。编写一个程序，要求输入水的夸脱数，然后显示这么多水中包含多少水分子。

8．写出下列程序的运行结果。

```
#include <stdio.h>
void main()
{
    char c1 = 'a ', c2 = 'b ', c3 = 'c ', c4 = '\101 ', c5 = '\116 ';
    printf("a%cb%c\tc%c\tabc\n", c1, c2, c3);
    printf("\t\b%c%c\n", c4, c5);
}
```

第 3 章　顺序结构程序设计

顺序结构是 C 语言中比较简单的程序结构。顺序结构的程序是从 main()函数的第一句开始执行，直到 main()函数的最后一句为止。中间如果有函数调用，则会转到被调函数处执行，执行完被调函数后返回主调函数继续往下执行。在这个过程中，不存在分支结构和循环结构。

3.1　C　语　句

程序是下达给计算机的指令序列，这些指令的各种组合可以完成各种工作。在高级语言中，指令是通过语句来实现的。

C 语言的语句可以分为五类：表达式语句、函数调用语句、控制语句、复合语句、空语句。语句的功能各有不同，但在格式上必须以分号（;）结尾。

小提示：C 语言的语句中的分号

分号（; ）是语句的结尾标志，是语句不可缺少的一部分，不是语句和语句间的分隔。

1. 表达式语句

表达式语句由表达式加上分号（;）组成，其一般形式为：

```
表达式;
```

执行表达式语句就是计算表达式的值。

例如：

```
a=5
```

是一个赋值表达式，而

```
a=5;
```

是一个赋值语句。

例如：

```
i++                //是表达式，使变量 i 的值加 1
i++;               //是语句，使变量 i 的值加 1
```

虽然两者功能相同，但是使用的位置不同。

又例如：

a+b; 是语句，语法正确，功能是计算 a 和 b 的和，但是结果值不能保留，无实际意义。

2. 函数调用语句

函数调用语句由函数调用加上分号“;”组成，函数调用由函数名和对应的参数组成，其一般形式为：

```
函数名(参数表);
```

例如：

```
printf("This is my first c program.\n");                //例 1.1 程序中的第 4 行
```

语句中 printf("This is my first c program.\n")是函数调用，printf 是函数名，"This is my first c program.\n"是参数，分号（;）是语句的结束标志。

小提示：C 语言的函数调用

函数必须有一对圆括号，圆括号里面为对应的参数，参数可以是一个，也可以是多个（多个参数间用逗号分隔），也可以没有，但无论函数有无参数，必须有圆括号。

不同函数需要的参数的个数和类型不完全相同，同一种函数需要的参数的个数和类型也不完全相同。如例 1.1 中的第 4 行 printf("This is my first c program.\n");和例 1.2 中的第 8 行 printf("sum is %d\n",sum);，两条语句都是使用函数 printf()，但前者只有一个参数，后者有两个参数，且参数类型不相同。

3. 控制语句

控制语句用于控制程序的流程，以实现程序的各种结构，它们由特定的语句定义符组成。C 语言有九种控制语句，可分成以下三类：

（1）条件判断语句：if 语句、switch 语句。

（2）循环执行语句：do…while 语句、while 语句、for 语句。

（3）转向语句：break 语句、goto 语句（此语句尽量少用，其不利于结构化程序设计，滥用它会使程序流程无规律、可读性差）、continue 语句、return 语句。

4. 复合语句

把多个语句用花括号“{}”括起来组成的语句称为复合语句。在程序中应把复合语句看成单条语句，而不是多条语句，例如：

```
{
    float r=3.5, area;
    area=3.14 * r * r;
    printf("area=%d"，erea);
}
```

是一条复合语句。在花括号“}”外不用加分号。

5. 空语句

只由分号“;”组成的语句称为空语句，空语句是什么也不执行的语句。在程序中空语句可用来作空循环体。

例如：

```
while(getchar()!='\n')              //循环语句
;                                   //循环体，只有一条空语句
```

本语句的功能是，只要从键盘输入的字符不是回车则重新输入。这里的第 2 行（循环体）为空语句。

3.2 数据输入输出

C 语言本身不提供输入输出语句，输入输出操作是由 C 函数库中的函数实现的。在 C 标准库函数中提供了一些输入输出函数，如在前面章节中使用过的 printf()函数和 scanf()函数。在使用的时候需要注意，不要误以为它们是 C 语言提供的“输入输出语句”。printf 和 scanf 不是 C 语言的关键字，只是函数的名字，实际上可以完全不用 printf 和 scanf 这两个名字，而另外编写两个输入输出函数，用其他函数名字来完成数据的输入和输出。printf()函数和 scanf()函数在系统文件 stdio.h 中声明，所以在程序的开始部分要使用编译预处理命令“#include <stdio.h>”。

3.2.1 标准格式输出函数 printf()

可以看出，printf()函数一般的调用格式为：

printf("格式控制字符串", 输出参数 1, 输出参数 2, …, 输出参数 n);

“格式控制字符串”是用双引号括起来的字符串（在 C 语言中用双引号括起来的都是字符串），也称作“转换控制字符串”，它包括以下两种信息：

（1）格式说明。格式说明由“%”和格式字符组成，如%d、%f 等，它的作用是将输出的数据转换成指定的格式输出。表 3.1 列出了格式说明符和用这些格式说明符输出的结果。

表 3.1 printf()函数的格式说明符和输出结果

格式说明	输出结果
%c	一个字符
%d	有符号的十进制整数
%e	以指数的形式输出浮点数（如 1.2e + 02）
%E	以指数的形式输出浮点数（如 1.2E + 02）
%f	以小数的形式输出浮点数（十进制记数法）
%g	根据数值的不同自动选择%f 或%e。%e 格式在指数小于-4 或者大于等于精度时使用
%G	根据数值的不同自动选择%f 或%E。%E 格式在指数小于-4 或者大于等于精度时使用
%o	无符号的八进制整数
%s	字符串
%u	无符号的十进制整数
%x	以十六进制无符号形式输出整数，输出十六进制数 a～f 时以小写形式输出
%X	以十六进制无符号形式输出整数，输出十六进制数 a～f 时以大写形式输出
%%	输出一个%

在读 C 程序的时候可能会发现 printf()函数还有如下几种形式：

printf("%ld", sum)、printf("%4.2f", sum)、printf("%-5.3s", s)、…

细心的读者已经发现这几个 printf()函数与刚才所介绍的有一些区别，那么它们又具有什么意义呢？实际上，在 C 程序中，%和格式字符之间可以插入以下几种附加格式说明符，见表 3.2。

表 3.2　printf()函数的附加格式说明符

字符	说明
l	用于长整型整数，可加在格式符 d、o、x、u 前面
m（正整数）	数据最小宽度
n（正整数）	对于实数，表示输出 n 位小数；对于字符串，表示截取的字符个数
-	输出的数字或者字符在域内向左端靠

在%和格式字符之间可以插入表 3.2 中的几种附加格式说明符，在使用这几种附加格式说明符的时候需要注意以下几点：

- 对于%md 和%ms，m 为指定输出数据的宽度，如果数据的位数小于 m，则左端补空格，若大于 m，则按实际位数输出。例如：printf("%4d, %4d", a, b)，若 a=12，b=12345，则输出结果为：␣␣12,12345。
- 对于%-ms，如果字符串的长度小于 m，则输出 m 列，不足的位数在右侧补空格。
- 对于%m.ns，输出占 m 列，但只是取字符串中左端 n 个字符，这 n 个字符输出在 m 列的右侧，左端补空格。%-ms 则在右侧补空格，如果 n > m，则 m 自动取 n 值，即保证 n 个字符正常输出。
- 对于%m.nf，指定输出的数据共占 m 列，其中有 n 位小数。如果数值长度小于 m，则左端补空格。%-m.nf 与% m.nf 一样，只是使输出的数值向左端靠，右端补空格。

（2）普通字符。普通字符即需要原样输出的字符，如 printf("%d + %d=%f\n", a, b, sum);里面的+、=、空格和换行符（“\n”）。

输出参数是需要输出的一些数据。用如上语句时，可以看到里面的空格和“=”都原封不动地输出，“%f”则转换成了相应变量的值输出，“\n”起到一个换行的作用，将当前位置移到下一行的开头。

例 3.1　在日常生活中，人们经常要将华氏温度转换成摄氏温度，其转换公式如下：

$$c = \frac{5 \times (f - 32)}{9}$$

式中：c 表示摄氏温度，f 表示华氏温度。

```
#include <stdio.h>
void main()
{
    float celsius, fahr;            /*定义两个浮点型变量，celsius 表示摄氏温度，fahr 表示华氏温度*/
    fahr=100;                       /*对变量 fahr 赋初值*/
    celsius=5 * (fahr - 32) / 9;                        /*温度转换*/
    printf("fahr=%f, celsius=%f\n", fahr, celsius);     /*输出结果*/
}
```

程序的运行结果如图 3.1 所示。

```
fahr=100.000000, celsius=37.777778
Press any key to continue_
```

图 3.1　例 3.1 运行结果

程序中调用 printf()函数输出结果时，将双引号内除了“%f”以外的内容原样进行输出，并在第一个“%f”的位置输出变量 fahr 的值，在第二个“%f”的位置输出变量 celsius 的值。

3.2.2 标准格式输入函数 scanf()

scanf()函数的作用是输入数据，其基本格式为：

```
scanf("格式控制", 地址列表);
```

“格式控制”的含义同 printf()函数的格式控制。其格式说明也是以%开始，以一个格式字符结束，中间可以插入附加的字符。表 3.3 和表 3.4 分别列出了 scanf()函数可以用到的格式说明符和附加格式说明符。

表 3.3 scanf()函数的格式说明符

格式说明符	意义
%c	输入单个字符
%d	输入有符号的十进制整数
%f	输入浮点数，可以用小数或者整数形式输入
%o	输入无符号的八进制数
%s	输入字符串，将字符串存放到一个字符数组中，输入时以非空白字符开始，以第一个空白字符结束，字符串以串结束标志'\0'作为其最后一个字符
%u	输入无符号的十进制整数
%x，%X	输入无符号的十六进制整数
%e，%E，%g，%G	与%f 的作用相同，e、f 和 g 可以互相替换而且大小写的作用相同

表 3.4 scanf()函数的附加格式说明符

附加格式说明符	意义
l	用于输入长整型数据，可用于%ld、%lo、%lx、%lu 以及 double 型数据%lf 或%le
h	用于输入短整型数据，可用于%hd、%ho、%hx
域宽	指定输入数据所占的列宽，应为一个正整数
*	表示本输入项在读入后不赋给相应的变量

为了更清楚地了解 scanf()函数，一起来研究一下 scanf()函数是怎样读取输入的。在程序中使用了一个%d 格式说明符来读取一个十进制整数，scanf()函数在读取输入的字符串时希望发现一个整数数字，如果它发现了一个整数数字就保存并读取下一个字符；如果接下来这个字符仍然是整数数字，就保存这个数字，并继续读取下一个字符。就这样，scanf()函数持续读取和保存字符直到它遇到一个非数字的字符。遇到非数字的字符它就得出结论：已经读到了整数的尾部，读取的工作已经结束了。scanf()函数就会将自己读到的数据放到指定的变量中去（在地址列表中所指定的变量）。

如果在 scanf()函数中使用了域宽，那么 scanf()函数在读取字符的时候按照域宽所指定的数目来读取或者是在第一个空白字符处（二者最先达到的一个）终止。scanf()函数在读取一个十进制整数的时候，如果读取的第一个非空白字符不是数字，将会发生什么呢？例如执行

scanf("%d%d",&m, &n)，输入的是 a56，这时 scanf()函数读取 a 之后，发现并不是自己所期望的数字，它将这个非数字的字符放回输入，并没有把任何值赋给指定的变量 m。程序下一次读取时将在 a 处重新开始。如果 scanf()函数中只有%d 这种格式说明符的话，那么它将永远也不会越过 a 去读取后面的字符。

要是 scanf()函数读取的第一个字符就是空白字符，那么会做怎样的处理？事实上，如果 scanf()函数读取的第一个字符或者最前面几个连续的字符是空白字符（空格、制表符 Tab 和换行符）的话，它将跳过这些字符。

在使用 scanf()函数的时候，还需要注意的是如果使用%s 这个格式说明符，那么除了空白字符以外的所有字符都是可以接受的。scanf()函数跳过最前面的空白字符，然后保存再次遇到空白字符之前的所有非空白字符。这就意味着%s 使 scanf()函数每次只能读取一个单词或者说一个不包含空白字符的字符串。那么可不可以使用域宽来使 scanf()函数在使用%s 读取输入的时候超过一个单词的长度？实际上，使用域宽的话，scanf()函数将在域宽长度结束处或者第一个空白字符处停止，所以不能通过域宽来使 scanf()函数用一个%s 格式说明符读取多于一个单词的输入。在使用%s 将读取的内容存放在字符数组中的时候，系统自动在最后一位添加字符串结束标志“\0”。如果使用%c 格式说明符，那么所有的输入字符都是一样的，如果输入空格或者换行符的话，会将空格或者换行符赋值给相应的变量。

在 scanf()函数中允许把除表 3.3 和表 3.4 之外的其他的普通字符放到格式字符串中。除了空白字符之外的普通字符一定要与输入的字符串准确匹配。例如：

```
scanf("%d, %d", &m, &n);
```

在两个格式说明符之间有一个普通字符逗号，因此在输入数据时，必须输入这个逗号，否则变量将得不到正确的赋值，如输入两个整数：

```
24, 32
```

因为在格式字符串中，逗号紧跟在第一个%d 的后面，所以在输入的时候这个逗号也必须紧跟在 24 的后面。由于 scanf()函数在读取数据时，会忽略要读取的数据前面的一些空白字符，所以可以在逗号后面键入一个或者任意多个空白字符。也就意味着下面的输入方式，编译系统可以接受：

```
24,          32
```

或者

```
24,
32
```

在 scanf()函数中，格式控制字符串的后面就是地址列表。需要注意，这里是地址列表而不是变量列表，也就意味着像下面这样来书写程序是不对的。

```
scanf("%d %d", m, n);
```

应该将“m, n”改为“&m, &n”，其中&是 C 语言的取地址运算符。这一点初学者一定要注意，以避免出现错误。

在例 3.1 程序中，将华氏温度转换成了摄氏温度，但程序的结果只是将华氏温度为 100 度的数据转换成了摄氏温度，很多时候，编译者希望数据不是固定不变的，而是根据具体的需要，由用户来输入相应的数据。将程序稍加改动，实现输入任意的数据，程序都会完成相应的转换。

例 3.2　例 3.1 改写。

```
#include <stdio.h>
void main()
{
    float celsius, fahr;          /*定义两个浮点型变量，celsius 表示摄氏温度，fahr 表示华氏温度*/
    printf("Please input fahr:");
    scanf("%f", &fahr);                            /*调用 scanf 函数为变量 fahr 赋值*/
    celsius=5 * (fahr - 32) / 9;                   /*温度转换*/
    printf("fahr=%f, celsius=%f\n", fahr, celsius);   /*输出结果*/
}
```

程序的运行结果如图 3.2 所示。

```
Please input fahr:140
fahr = 140.000000, celsius = 60.000000
Press any key to continue
```

图 3.2　例 3.2 程序运行结果

可以看出，程序使用了 scanf()函数，用户就可以任意地输入数据，然后程序将用户输入的华氏温度数据再转换成对应的摄氏温度。

3.2.3　字符输出函数 putchar()

putchar()函数是字符输出函数，一般用于向标准输出设备输出一个字符。putchar()函数的一般形式为：

```
putchar(ch);
```

其中，putchar 为函数名，ch 为字符型变量，即将 ch 变量中的字符显示在屏幕上。

例 3.3　putchar()函数示例 1。

```
#include <stdio.h>
int main()
{
    char a ='p';
    putchar(a);
    putchar('u');
    putchar('t');
    putchar('\n');
    return 0;
}
```

例 3.3 程序的运行结果如图 3.3 所示。程序中，第一个 putchar()函数的参数是字符型变量 a，屏幕上输出变量 a 中存储的字符 p；第二个和第三个 putchar()函数的参数是字符型常量'u'和't'，屏幕上输出字符 u 和 t；第四个 putchar()函数的参数是转义字符'\n'，即回车字符，屏幕上的光标移动到下一行。

```
put
Press any key to continue
```

图 3.3　例 3.3 程序运行结果

例 3.4　putchar()函数示例 2。

```
#include <stdio.h>
int main()
{
    int a=112, b=117, c=116;
    putchar(a);
    putchar(b);
    putchar(c);
    putchar('\n');
    return 0;
}
```

例 3.4 程序的运行结果如图 3.4 所示。程序定义了三个整型变量 a、b 和 c，分别赋值 112、117 和 116。将整型数据作为 putchar()函数的参数输出，程序会输出这个整型数据对应的 ASCII 码字符。整数 112、117 和 116 对应的 ASCII 码字符分别为 p、u 和 t，用 putchar()函数在屏幕上输出就是 put，第四个 putchar()函数的参数是转义字符'\n'，即回车字符，屏幕上的光标移动到下一行。

图 3.4　例 3.4 程序运行结果

3.2.4　字符输入函数 getchar()

getchar()函数是字符输入函数，一般用于向标准输入设备输入一个字符。getchar()函数的一般形式为：

```
变量=getchar();
```

其中，getchar 为函数名，括号内没有参数，用于读取屏幕上的一个字符。

例 3.5　getchar()函数示例。

```
#include <stdio.h>
int main()
{
    char a, b, c;
    a=getchar();
    b=getchar();
    c=getchar();
    putchar(a);
    putchar(b);
    putchar(c);
    putchar('\n');
    return 0;
}
```

例 3.5 程序的运行结果如图 3.5 所示。程序定义了三个整型变量 a、b 和 c，分别用 getchar()函数为其赋值，在屏幕上输入 put，按下回车键后，屏幕上显示字符 put。第四个 putchar()函数的参数是转义字符'\n'，即回车字符，屏幕上的光标移动到下一行。

```
put
put
Press any key to continue
```

图 3.5　例 3.5 程序运行结果 1

再次运行例 3.5，程序结果如图 3.6 所示。屏幕上输入 p ut（字符 p 和字符 u 间有一个空格），程序运行时，变量 a 获取字符 p，变量 b 获取字符空格，变量 c 获取字符 u，而输入的字符 t 并没有存储在上述三个变量中。按下回车键后，输入变量 a、b 和 c，屏幕上显示的是 p u（字符 p、字符空格和字符 u）。

```
p ut
p u
Press any key to continue
```

图 3.6　例 3.5 程序运行结果 2

3.3　顺序结构程序举例

为了进一步了解顺序结构程序，来看几个顺序程序的例子。

例 3.6　求二次方程 $ax^2+bx+c=0$ 的根，其中 a，b，c 由键盘输入。

编程思路：首先知道二次方程的求根公式：

$$x_1=\frac{-b+\sqrt{b^2-4ac}}{2a}，\ x_2=\frac{-b-\sqrt{b^2-4ac}}{2a}$$

在这里系数 a、b 和 c 由键盘输入，且 $a\neq0$。同时为了简单起见，假设输入的 a、b 和 c 满足 $b^2-4ac>0$。根据现有的数学知识，很容易就可以求出满足上面条件的一元二次方程的两个根。

为了编写程序方便，令 $p=\frac{-b}{2a}$、$q=\frac{\sqrt{b^2-4ac}}{2a}$，则方程的两个根分别为：

$$x_1=p+q，\ x_2=p-q$$

根据上面的分析，编写求解一元二次方程的程序如下。

```
#include <stdio.h>
#include <math.h>
void main()
{
    float a, b, c, disc, x1, x2, p, q;          /*float 定义浮点型数据，即实型数据*/
    scanf("%f%f%f", &a, &b, &c);
    disc=b * b – 4 * a * c;
    p=-b / (2 * a);
    q=sqrt(disc) / (2 * a);                     /*sqrt()是库函数，功能是求平方根*/
    x1=p + q;
    x2=p – q;
    printf("x1=%5.2f\nx2=%5.2f\n", x1, x2);
}
```

例 3.6 程序的运行结果如图 3.7 所示。

```
2 5 3
x1= -1.00
x2= -1.50
Press any key to continue
```

图 3.7　例 3.6 运行结果

例 3.7　从键盘输入一个大写字母，在屏幕上输出对应的小写字母。

```
#include <stdio.h>
int main()
{
    char ch1, ch2;
    ch1=getchar();
    ch2=ch1 + 32;
    putchar(ch2);
    putchar('\n');
    return 0;
}
```

请读者自己分析运行结果。

3.4　小　　结

本章主要介绍了：

（1）C 语言的基本语句。

（2）输入输出函数，包括 printf()函数、scanf()函数、putchar()函数、getchar()函数的用法。

3.5　习　　题

1．怎样区分表达式和表达式语句？C 语言为什么要设表达式语句？什么时候用表达式，什么时候用表达式语句？

2．C 语言为什么要把输入输出功能作为函数，而不作为语言的基本部分？

3．若 a=3，b=4，c=5，x=1.2，y=2.4，z= -3.6，u=51274，n=128765，c1='a'，c2='b'。想得到以下输出格式和结果，请写出程序（包括定义变量类型和设计输出）。

要求输出的结果如下：（符号“__”表示空格）

```
a=__3____b=__4____c=__5
x=1.200000，y=2.400000，z= -3.600000
x+y=__3.60____y+z= -1.20____z+x=-2.40
u=__51274____n=______128765
c1='a'__or__97
c2='b'__or__98
```

4．用下面的 scanf()函数输入数据，使 a=3，b=7，x=8.5，y=71.82，c1='A'，c2='a'。请问在键盘上如何输入？（符号“__”表示空格）

```
main()
{
    int a,b;
    float x,y;
    char c1,c2;
    scanf ("a= %d__b= %d", &a,&b) ;
    scanf("__%f__%e",&x,&y) ;
    scanf ("__%c__%c",&cl,&c2);
}
```

5．用下面的 scanf()函数输入数据，使 a=10，b=20，c1='A'，c2='a'，x=1.5，y= -3.75，z=67.8，请问在键盘上如何输入数据？

```
scanf("%5d%5d%c%c%f%f%*f,%f",&a,&b,&c1,&c2,&x,&y,&z);
```

6．设圆半径 r=1.5，圆柱高 h=3，求圆周长、圆面积、圆球表面积、圆球体积、圆柱体积。用 scanf()输入数据，输出计算结果，输出时要求有文字说明，结果取小数点后 2 位数字。请编写程序。

7．输入一个华氏温度，要求输出摄氏温度。公式为 C=(5/9)*(F-32)。输出要有文字说明，结果取 2 位小数。请编写程序。

第 4 章　选择结构程序设计

4.1　if　语　句

在 C 语言程序中，解决问题时往往需要由条件的判断结果来决定程序的执行流程。这就要依靠选择结构来实现。选择结构也被称为分支结构。

多数情况下，通过 if 语句来实现分支结构，if 语句有如下几种格式。

4.1.1　简单 if 语句

最简单的 if 语句，是用来决定是否执行某个语句或者语句组。格式如下：

```
if(表达式)
{
    语句组;
}
```

如果表达式的值为“真”（或者非零），就执行语句组，否则程序就会跳过该语句组，直接执行 if 语句之后的其他语句，其结构流程如图 4.1（a）所示。通常，if 语句的表达式是一个关系表达式或者逻辑表达式，根据表达式值的真假来判断是否执行语句组。表达式也可以是任意的表达式，表达式的值为 0 就被视为假，非 0 就被视为真。

当语句组只有一个语句的时候，这时 if 语句的一对花括号可以省略。

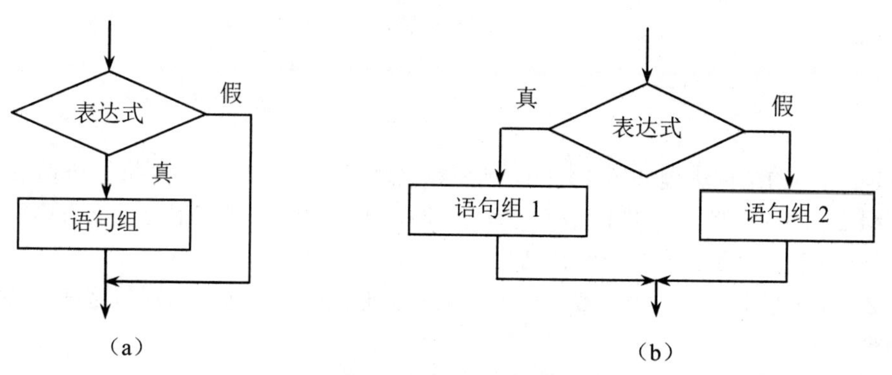

图 4.1　if 语句结构流程

例 4.1　在键盘上输入两个不同的整数，并输出较大的那个整数。

```
#include <stdio.h>
int main()
{
    int a,b;
    printf("请输入两个不同的整数：");
    scanf("%d,%d",&a,&b);
```

```
        if (a > b)                              //如果 a 的值大于 b 的值
        {
            printf("较大的数是：%d\n",a);        //输出 a 的值
            return 0;                           //结束程序
        }
        printf("较大的数是：%d\n",b);            //如果 a 大于 b 的情况不成立，输出 b 的值
        return 0;
    }
```

程序执行结果如图 4.2 所示。

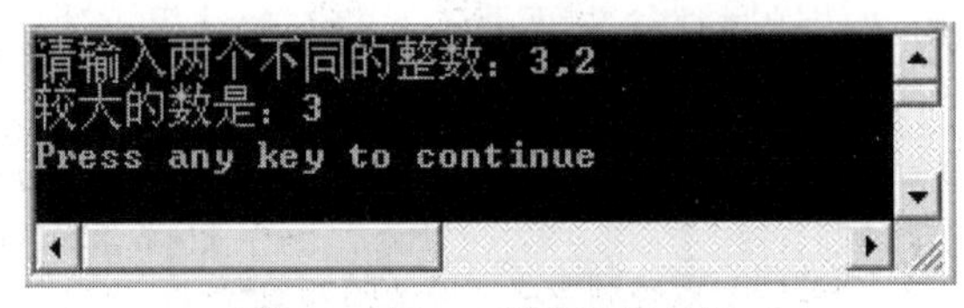

图 4.2　例 4.1 程序运行结果

4.1.2　if…else 语句

简单形式的 if 语句可以根据条件的成立与否，来判断是执行还是忽略某种操作。更多的时候，需要根据条件的成立与否在两个操作中选择一个来执行，这时候如果只是使用 if 语句，程序就显得笨拙，可以用 if…else 语句来解决这个问题。

if…else 语句的一般格式如下：

```
if（表达式）
{
    语句组 1;
}
else
{
    语句组 2;
}
```

if…else 语句的结构流程如图 4.1（b）所示，表达式的值为“真”，则执行语句组 1，否则，执行语句组 2。同样，当语句组 1 只有一个语句时，if 后面的一对花括号可以省略；当语句组 2 只有一个语句时，else 后面的一对花括号也可以省略。

例 4.2　在键盘上输入三个实数，表示一个三角形三条边的边长，判断这三条边能否构成一个三角形。

编程思路：三角形要求任意两边的边长之和大于第三边的边长。转化在 C 语言中，即输入的任意两个实数之和要大于第三个实数。

```
#include <stdio.h>
int main()
{
    float a,b,c;
    printf("请输入三角形三边的边长：");
    scanf("%f,%f,%f",&a,&b,&c);
    if (a+b>c && a+c>b && b+c>a)                //判断任意两个数之和是否大于第三个数
```

```
        {
            printf("此三条边能构成一个三角形。\n");
        }
        else
        {
            printf("此三条边不能构成一个三角形。\n");
        }
    }
```

程序运行结果如图 4.3 所示。

图 4.3　例 4.2 程序运行结果

例 4.3　在键盘上输入一个正整数，判断该数是否能同时被 3 和 7 整除。

编程思路：该数若能同时被 3 和 7 整除，则说明该数除以 3 余数为 0，该数除以 7 余数也为 0，这两个条件之间是“与运算”关系。

```
#include <stdio.h>
int main()
{
    int n;
    printf("请输入一个正整数：");
    scanf("%d",&n);
    if (n % 3 ==0 && n % 7 == 0)
    {
        printf("该数可以被 3 和 7 整除。\n");
    }
    else
    {
        printf("该数不可以被 3 和 7 整除。\n");
    }
    return 0;
}
```

程序运行结果如图 4.4 所示。

```
请输入一个正整数：63
该数可以被3和7整除。
Press any key to continue
```

图 4.4　例 4.3 程序运行结果

4.1.3　多分支 if 语句

在解决实际问题的时候，经常也会遇到多重选择，这个时候就可以使用扩展结构以适应这种情况。其一般格式如下：

```
if(表达式 1)          语句 1;
else if(表达式 2)     语句 2;
else if(表达式 3)     语句 3;
…
else if(表达式 n-1)   语句 n-1;
else                  语句 n;
```

多重选择的结构流程如图 4.5 所示，当表达式 1 为真的时候则执行语句 1，表达式 1 后面若干种情况不再判断。否则将判断表达式 2 的真假，若表达式 2 为真，则执行语句 2，同理也不再判断表达式 2 后面的各种情况。否则将依次判断表达式 3，……，若表达式 n-1 为真，则执行语句 n-1，否则执行语句 n。“语句 1”“语句 2”……“语句 n”可以是一个简单的语句，也可以是包含多个语句的复合语句。

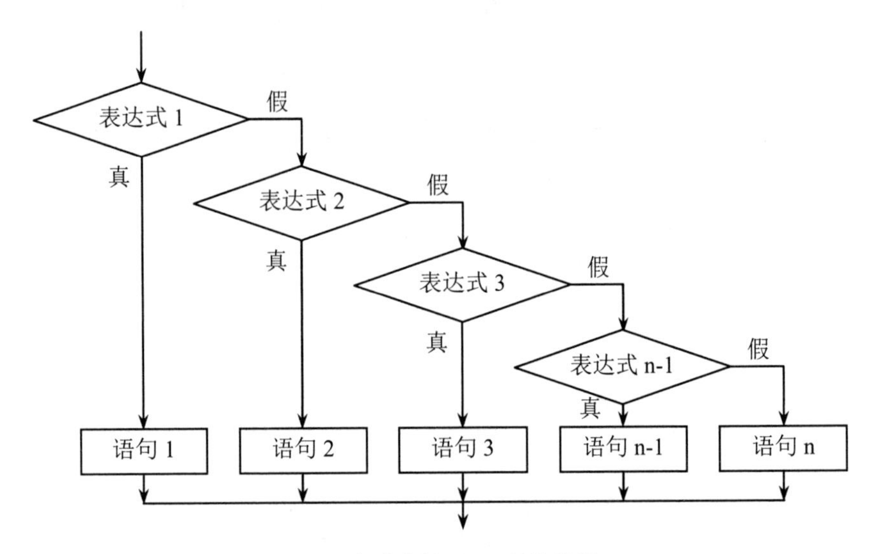

图 4.5　多重选择 else if 结构流程

例 4.4　学生成绩测评等级规则如下：90 分以上为“优秀”，80～89 分为“良好”，70～79 分为“中等”，60～69 分为“及格”，低于 60 分为“不及格”，分数小于 0 或者大于 100 为错误成绩。编写程序：通过输入学生的分数，评价学生的成绩等级。

```
#include <stdio.h>
int main()
{
    int s;
    printf("请输入学生的成绩（0～100）：");
    scanf("%d",&s);
    if(s>100||s<=0)
        printf("成绩错误请重新输入!\n");
    else if(s>=90)
        printf("优秀!\n");
    else if(s>=80)
        printf("良好!\n");
    else if(s>=70)
        printf("中等!\n");
```

```
    else if(s>=60)
        printf("及格!\n");
    else
        printf("不及格!\n");
    return 0;
}
```

程序运行结果如图 4.6 所示。

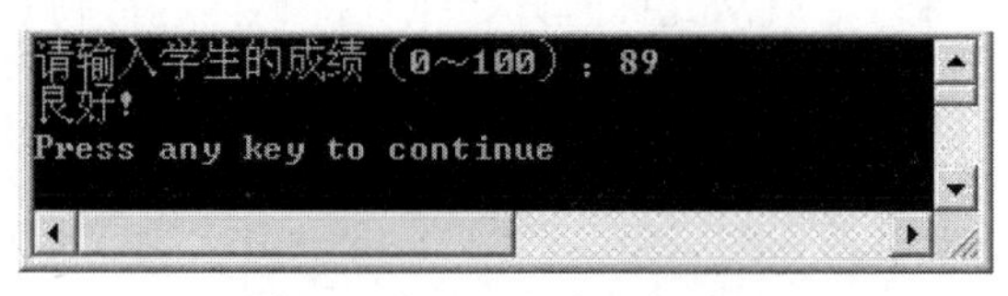

图 4.6　例 4.4 程序运行结果

4.2　switch 语句

在 C 语言中还可以使用 switch 语句来直接处理多分支选择的情况。它的一般形式如下：

```
switch（表达式）
{
    case 常量表达式 1:语句组 1;
    case 常量表达式 2:语句组 2;
    …
    case 常量表达式 n:语句组 n;
    default:          语句组 n+1;
}
```

例如：

```
switch(c)
{
    case 0: d=0; break;
    case 1: d=0.02; break;
    case 2:
    case 3: d=0.05; break;
    case 4:
    case 5:
    case 6:
    case 7: d=0.08; break;
    case 9:
    case 10:
    case 11: d=0.1; break;
    case 12: d=0.15;break;
}
```

对 switch 语句做以下几点说明：

（1）switch 括号内的“表达式”，其值类型应该为整型数据（包括字符型）。当表达式的值与某一个 case 后面的常量表达式的值相等时，就执行此 case 后面的语句。如果所有 case 后面的常量表达式的值都没有与表达式匹配的，则执行 default 后面的语句，default 可以省略。

（2）每一个 case 后面的常量表达式的值必须互不相同，否则就会出现互相矛盾的现象。而且其值必须是一个常量（在程序运行过程中，值不会发生改变的量）。各个 case 和 default 的出现次序不影响执行结果。

（3）执行完一个 case 后面的语句后，程序流程转移到下一个 case 继续执行，直到 switch 语句执行结束或者遇见 break 语句的时候才结束 switch 语句的执行。“case 常量表达式”只是起语句标号的作用，并不是在该处进行条件判断。在执行 switch 语句时，根据 switch 后面表达式的值找到匹配的入口标号，就从此标号开始执行，不再进行判断。因此应该在需要跳出 switch 结构的 case 分支后使用 break 语句来终止 switch 语句的执行。

（4）多个 case 可以共用一组执行语句。如上例的：

```
case 4:
case 5:
case 6:
case 7: d=0.08; break;
```

当 c 的值为 4、5、6 或 7 时，都执行 d=0.08;break;这组语句。

例 4.5 有一个函数：

$$y=\begin{cases}x+1 & (1<x<10)\\ x & (10\leqslant x<20)\\ x+2 & (20\leqslant x<30)\end{cases}$$

编写一程序，从键盘上输入 x 的值，根据上面的函数，求出 y 的值，并输出。

```
#include <stdio.h>
int main()
{
    float x,y;
    int c;
    printf("请输入 x 值：");
    scanf("%f",&x);
    c=(int) x / 10;
    switch (c)
    {
        case 0: y=x + 1; break;
        case 1:y=x; break;
        case 2:y=x + 2; break;
    }
    printf("y 的值为：%f\n",y);
    return 0;
}
```

程序运行结果如图 4.7 所示。

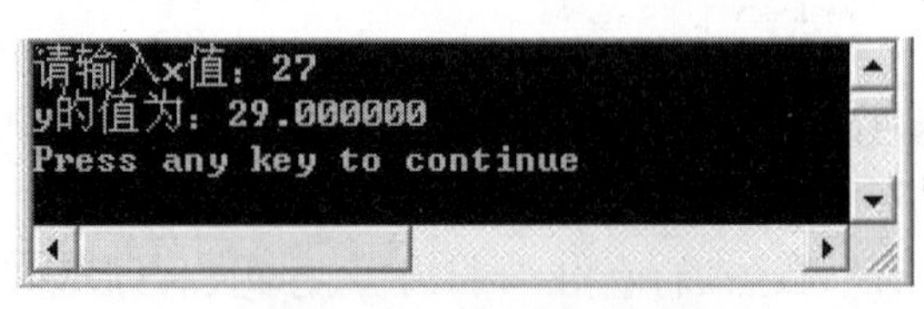

图 4.7 例 4.5 程序运行结果

例 4.6　为运输公司的客户计算运费。路程 s（单位：km）越远，每吨每千米运费越低。标准如下：

$s<250$　　　　没有折扣
$250 \leqslant s<500$　　2%的折扣
$500 \leqslant s<1000$　　5%的折扣
$1000 \leqslant s<2000$　8%的折扣
$2000 \leqslant s<3000$　10%的折扣
$3000 \leqslant s$　　　15%的折扣

设每吨每千米货物的基本运费为 p，货物重为 w，距离为 s，折扣为 d，则总运费 f 的计算公式为：$f = p \times w \times s \times (1-d)$。

```
#include <stdio.h>
int main()
{
    int s;
    float p, w, d, f;
    scanf("%f%f%d", &p, &w, &s);
    if(s<250)
    {
        d=0;
    }
    else if(s >= 250 && s < 500)
    {
        d=0.02;
    }
    else if(s >= 500 && s < 1000)
    {
        d=0.05;
    }
    else if(s >= 1000 && s < 2000)
    {
        d=0.08;
    }
    else if(s >= 2000 && s < 3000)
    {
        d=0.1;
    }
    else if(s >= 3000)
    {
        d=0.15;
    }
    f=p * w * s * (1 - d);
    printf("freight=%15.4f \n", f);
    return 0;
}
```

例 4.6 程序的运行情况如图 4.8 所示。

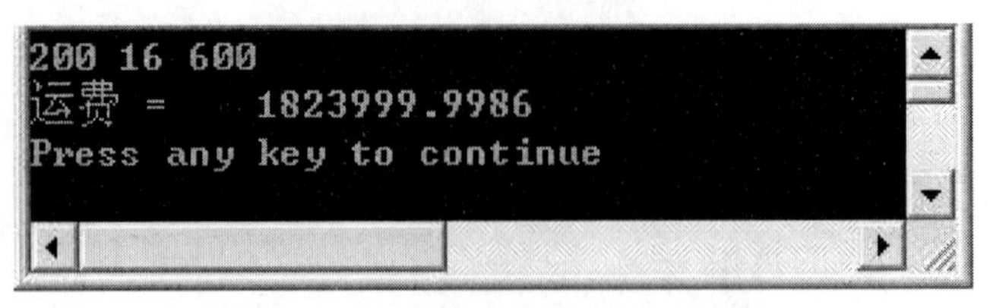

图 4.8 例 4.6 程序运行结果

小提示：几个条件同时成立的表示方法

在前面已经提到过，要表示几个条件同时成立，需要用逻辑与“&&”运算符。但是很多初学者受数学表示方法的影响，往往直接使用 250 <= s < 500 这样的表达式来表示 s 大于或等于 250，同时 s 小于 500 这样的条件。恰好，这样书写的是一个合法的关系表达式，C 编译器不会报告错误信息。但很多人误以为这个表达式能正确描述 s 在[250，500)区间内。实际上，根据关系运算符的结合性，表达式 250 <= s < 500 先计算 250 <= s，其值是一个逻辑值，要么是值为 1，要么是值为 0。而无论是 1 还是 0，小于 500 肯定是成立的，所以在表达式 250 <= s < 500 中，无论 s 取何值，该表达式的值都是 1。无法正确表示 s 在区间[250,500)内。

再来分析例 4.6 程序，折扣的变化是有规律的：折扣的变化点都是 250 的倍数。利用这一点，可以定义变量c，c的值为$s/250$，c代表 250 的倍数。当$c<1$时，表示$s<250$，无折扣；1≤c<2 时，表示 250≤s<500，折扣$d=2\%$；2≤c<4 时，$d=5\%$；4≤c<8 时，$d=8\%$；8≤c<12 时，$d=10\%$；c≥12 时，$d=15\%$。据此，使用 switch 语句来实现例 4.6 程序。

```
#include <stdio.h>
int main()
{
    int c, s;
    float p, w, d, f;
    scanf("%f%f%d", &p, &w, &s);
    if(s >= 3000)
    {
        c=12;
    }
    else
    {
        c=s/250;
    }
    switch(c)
    {
        case 0: d=0; break;
        case 1: d=0.02; break;
```

```
        case 2:
        case 3: d=0.05; break;
        case 4:
        case 5:
        case 6:
        case 7: d=0.08; break;
        case 8:
        case 9:
        case 10:
        case 11: d=0.1; break;
        case 12: d=0.15; break;
    }
    f=p * w * s * (1 - d);
    printf("freight=%15.4f\n", f);
    return 0;
}
```

注意：c、s 是整型变量，因此 c=s/250 为整数。当 s≥3000 时，令 c=12，而不使 c 随 s 增大，这是为了便于在 switch 语句中处理，用一个 case 就可以处理所有 s≥3000 的情况。

4.3　选择结构嵌套

在 if 语句的语句组中又包含一个或多个 if 语句称为 if 语句的嵌套。例如：

```
if()
    if()    语句 1;
    else    语句 2;
else
    if()    语句 3;
    else    语句 4;
```

当有众多 if 和 else 的时候，由于某些语句组只有一条语句的时候省略了花括号，计算机是怎样判断哪个 if 对应哪个 else 呢？例如：

```
if(score >= 60)
    if(score <= 100)
    printf("PASS!\n");
else
    printf("FAILURE!\n");
```

程序什么时候输出"FAILURE！"？是在 score 小于 60 的时候，还是在 score 大于 100 的时候？即 else 是对应第一个 if 语句还是第二个？在 C 语言中，如果没有花括号指明，else 总与和它最接近的一个 if 相匹配。即在 score 大于 100 的时候输出"FAILURE！"。程序的缩进显得 else 好像是与第一个 if 匹配的，但是，编译器是忽略缩进的。事实上，本来也是希望与第一个 if 语句匹配，这个时候，需要加上花括号。如下所示：

```
if(score >= 60)
{
```

```
        if(score <= 100)
            printf("PASS!\n");
    }
    else
        printf("FAILURE!\n");
```

例 4.7 将例 4.4 用 if 语句的嵌套形式编写。

```
#include <stdio.h>
int main()
{
    int s;
    printf("请输入学生的成绩(0～100)：");
    scanf("%d",&s);
    if (s >= 60 && s <= 100)
    {
        if (s >= 90)
            printf("优秀!\n");
        else
        {
            if (s >= 80)
                printf("良好!\n");
            else
                { if (s >= 70){
                    printf("中等!\n");
                  else
                    printf("及格!\n");
                  }
        }
    }
    else
        printf("不及格!\n");
    return 0;
}
```

程序运行结果如图 4.9 所示。

图 4.9 例 4.7 程序运行结果

将例 4.4 的程序与例 4.7 的程序相对比，可以看出：如果对于多种情况进行讨论，使用嵌套的 if 形式，嵌套层数过多，程序过长。采用 else if 结构可以使程序表达的思路更加清晰，可读性更强。

小提示：if 语句嵌套中的花括号

从技术的角度讲，if 和 if…else 语句作为一个整体可以看成单个语句，所以在嵌套的时候可以不用加上花括号。然而，当语句很长的时候，花括号使人更容易读懂程序，更不容易出错。因此建议初学者在编写程序时将花括号都添加上去，不管语句组是一条语句还是多条语句。

4.4 小　结

本章主要介绍了以下几方面内容：

（1）if 语句实现选择结构程序设计。

（2）多分支语句 switch 的使用方法。

（3）选择结构的嵌套。

4.5 习　题

1．C 语言中如何表示“真”和“假”？系统如何判断一个量的“真”和“假”？

2．写出下面各逻辑表达式的值，设 a=3，b=4，c=5。

（1）a+b>c && b==c

（2）a| |b+c && b-c

（3）!(a>b) && !c| |1

（4）!(x=a) && (y=b) && 0

（5）!(a+b)+c-1 && b+c/2

3．编写程序：由键盘输入 3 个整数 a、b、c，输出其中的最大的数。

4．有一个分段函数：

$$y=\begin{cases} x & (x<1) \\ 2x-1 & (1\leqslant x<10) \\ 3x-11 & (x\geqslant 10) \end{cases}$$

编写程序：输入 x 的值，输出 y 的值。

5．编写程序：给出一个百分制成绩，要求输出成绩等级（A、B、C、D、E）。90 分以上为 A，80～89 分为 B，70～79 分为 C，60～69 分为 D，60 分以下为 E。

6．给一个不多于 5 位的正整数，要求：

（1）求出这个数是几位数；

（2）分别打印出每一位数字；

（3）按逆序打印出各位数字，例如原数为 321，应输出 123。

7．企业发放的奖金根据利润提成，利润 I 低于或等于 10 万元的，奖金可提 10%；100000<I≤200000 时，低于 10 万元的部分按 10%提成，高于 10 万元的部分，可提成 7.5%；200000<I≤400000 时，低于 20 万的部分仍按上述办法提成（下同）。高于 20 万元的部分按 5%

提成；400000<I≤600000 时，高于 40 万元的部分按 3%提成；600000<I≤1000000 时，高于 60 万的部分按 1.5%提成；I>1000000 时，超过 100 万元的部分按 1%提成。从键盘输入当月利润 I，求应发奖金总数。要求：

（1）用 if 语句编程序；

（2）用 switch 语句编程序。

8．编写程序：输入 4 个整数，要求按由小到大顺序输出。

9．编写程序：输入一个 4 位的年份数据，判断是否是闰年。所谓闰年是指符合下面两个条件的任意一个的年份。

（1）能被 4 整除，但不能被 100 整除；

（2）能被 400 整除。

第5章　循环结构程序设计

如果要计算“1+2+3+…+100”的值，根据现有的知识，只能一项一项的去求和，这是一件非常繁琐的事情，如果数据量更大些，求解过程就更加繁琐，甚至根本无法完成。要解决这类问题，就需要用到循环。循环结构是结构化程序设计的基本结构之一，它和顺序结构、选择结构共同作为各种复杂程序的基本构造单元。C语言中提供的循环语句有while语句、do...while语句以及for语句。循环结构可以减少源程序重复书写的工作量，专门用来描述重复执行某段算法的问题，这是程序设计中最能发挥计算机特长的程序结构。

5.1 循环语句

5.1.1 while语句

while语句通过对于某个条件的判断，来决定是否继续执行重复的操作。while语句常用来实现“当型”循环结构，其一般形式如下：

```
while(表达式)
{
    语句组;
}
```

其中的“语句组”就是循环体。循环体只能是一个语句，可以是一个简单的语句，还可以是复合语句。执行循环体的次数是由循环条件控制的，这个循环条件就是“表达式”，也称为循环条件表达式。当此表达式的值为“真”（以非0表示）时，就执行循环体语句；为“假”（以0表示）时，就不执行循环体语句。在循环体语句中应有能使循环趋向结束的语句，否则循环永远不会中止。例如：

```
i=1;
while(i<5)
{
    printf("Hello,C Program!\n");
}
```

上面的代码段会陷入“死循环”，程序会无休止地输出"Hello,C Program！"。因为变量i的值为1，如果i的值不发生变化，i<5这个条件将永远成立，while语句也就会一直循环下去。所以在循环体中应该添加能够使循环正常结束的语句，如例5.1程序所示。

例5.1　while循环程序。

```
#include <stdio.h>
void main()
{
    int i=1;
    while(i < 5)
```

```
    {
        printf("i=%d\n", i);
        i++;
        printf("after ++ i=%d\n", i);
    }
    printf("The loop has finished.\n");
}
```

分析例 5.1 程序的运行结果，在第 4 次循环中，执行完 i++后，i 的值已经是 5，然而循环此时并未结束，而是继续执行下面的输出语句 printf("after ++ i=%d\n", i)。执行完输出语句后，再去判断表达式 i < 5 是否成立，此时发现该表达式为假，结束 while 循环，执行 while 后面的语句。

如果 while 语句的表达式刚开始就不成立，如将例 5.1 程序中 i 的初始值改成 10，这时，程序永远不会执行循环体，因为条件 i < 5 从一开始就为假。

例 5.2 使用 while 循环来求“1+2+3+…+100”的值。

```
#include <stdio.h>
void main()
{
    int i=1,sum=0;
    while(i<=100)
    {
        sum+=i;
        i++;
    }
    printf("1+2+3+…+100=%d\n",sum);
}
```

例 5.2 程序的流程如图 5.1 所示，请读者自行分析运行结果。

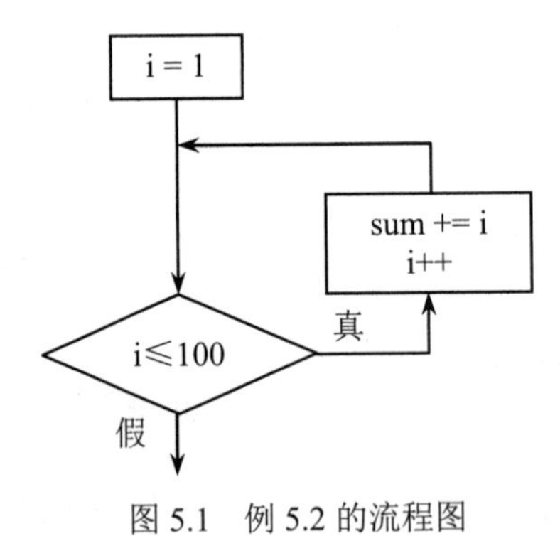

图 5.1 例 5.2 的流程图

5.1.2 do…while 语句

do…while 语句的一般形式如下：

```
do
{
    循环体语句组;
}while(表达式);
```

对于同一个问题，可以使用 while 语句，也可以使用 do…while 语句，二者可以互相替换。但它们还是有区别的，while 语句先判断条件是否成立，然后根据条件的结果来决定是否执行循环体，而 do…while 语句先执行循环体一次，然后再判断表达式成立与否。即 do…while 语句至少要执行循环体一次。

下面使用 do…while 语句来改写例 5.2 程序。

例 5.3　使用 do …while 循环来求“1+2+3+…+100”的值。

```
#include <stdio.h>
void main()
{
      int i=1, sum=0;
      do
      {
           sum += i;
           i++;
      }while(i <= 100);
      printf("1 + 2 + 3 + … + 100=%d\n", sum);
}
```

程序的运行结果与例 5.2 相同，其流程如图 5.2 所示。从图 5.2 可以看出，程序先执行循环体语句，然后再判断 while 后面的条件是否成立。当表达式为真，则返回重新执行循环体语句，如此反复，直到 while 后面的表达式为假才结束循环。

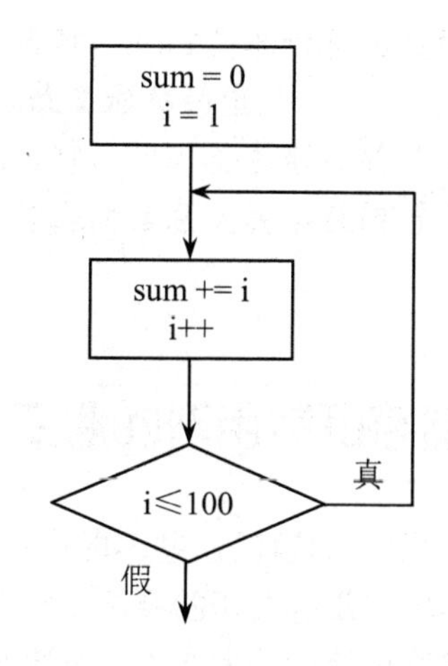

图 5.2　例 5.3 的流程图

例 5.4　while 循环和 do…while 循环的区别分析。

```
/*程序 A*/
#include <stdio.h>
void main()
{
     int sum=0, i;
     scanf("%d", &i);
     while(i <= 100)
     {
```

```
/*程序 B*/
#include <stdio.h>
void main()
{
     int sum=0, i;
     scanf("%d", &i);
     do
     {
```

```
        sum += i;                           sum += i;
        i++;                                i++;
    }                                   }while(i <= 100);
    printf("sum=%d\n", sum);            printf("sum=%d\n", sum);
}                                   }
```

从程序的运行结果分析，当输入的 i 值都满足 i≤100 的时候，程序 A 和程序 B 的运行结果相同。而当输入的 i 值不满足 i≤100 的时候，二者的结果就不同了，因为此时对于 while 语句来说，循环体一次也不会被执行，而 do…while 语句则会执行循环体一次。

5.1.3 for 语句

for 语句的一般形式如下：

```
for(表达式 1;表达式 2;表达式 3)
{
    循环体语句组;
}
```

当循环体语句组只有一条语句的时候，花括号可以省略（建议初学者不要省略，避免出错）。for 语句的流程如图 5.3 所示，从图中可以看出，其执行过程如下：

（1）求解表达式 1；

（2）求解表达式 2，如果结果为真，则执行循环体语句组，执行结束后转步骤（3）；如果结果为假，则结束循环，转步骤（5）；

（3）求解表达式 3；

（4）转步骤（2）；

（5）循环结束，执行循环语句之后的其他语句。

for 语句的 3 个表达式均可省略，但是里面的分号（;）不能省略。需要注意的是，省略相应的表达式，就需要在其他地方弥补表达式的相应功能，以保证程序的正常运行。C 语言中的 for 语句是使用最为灵活的语句。

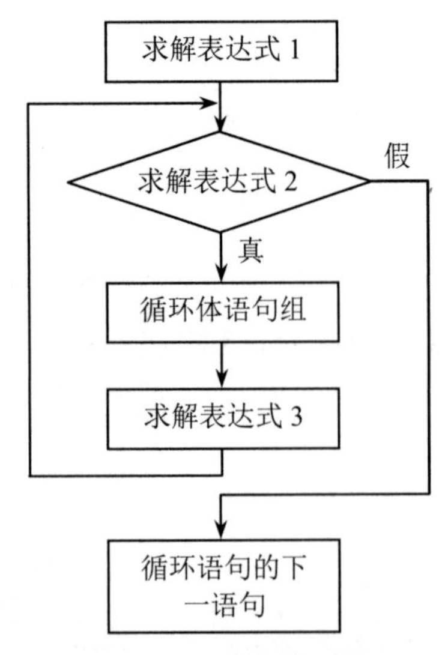

图 5.3 for 语句的流程图

例 5.5　使用 for 循环来求“1+2+3+…+100”的值。

```
#include <stdio.h>
void main()
{
    int i, sum=0;
    for(i=0; i <= 100; i++)
    {
        sum += i;
    }
    printf("1 + 2 + 3 + …  + 100=%d\n", sum);
}
```

小提示：几种循环语句的比较

（1）while 语句、do...while 语句和 for 语句都可以用来处理同一问题，很多时候，它们之间可以互换。

（2）在 while 和 do...while 语句中，只是在 while 后的括号里指定了循环条件，应该在循环体内包含能够使循环正常结束的语句，避免出现死循环。而 for 语句在表达式 3 中含有使循环趋于结束的操作，甚至可以将循环体中的操作全部放到表达式 3 中，因此 for 语句使用更为灵活，功能更为强大。

（3）用 while 和 do...while 语句实现循环时，循环变量的赋初值应该在 while 和 do...while 语句之前完成，而 for 语句则可以在表达式 1 中完成。

5.2　循环的嵌套

一个循环的循环体内可以包含另一个完整的循环结构，我们称之为循环的嵌套。在内嵌的循环中还可以嵌套循环，这就是多重循环。while 循环、do...while 循环、for 循环之间可以相互嵌套。

例如：

（1）
```
while(表达式 1)
{
    while(表达式 2)
    {
        …
    }
}
```

（2）
```
do{
    while(表达式 2)
    {
        …
    }
} while(表达式 1);
```

例 5.6 输出九九乘法表。

```
#include <stdio.h>
void main()
{
    int i,j;
    for(i=1; i<=9;i++)
    {
        for(j=1;j<=i;j++)
            printf("%d*%d=%-3d",i,j,i*j);
        printf("\n");
    }
}
```

例 5.6 程序的运行结果如图 5.4 所示。

```
1*1=1
2*1=2  2*2=4
3*1=3  3*2=6  3*3=9
4*1=4  4*2=8  4*3=12 4*4=16
5*1=5  5*2=10 5*3=15 5*4=20 5*5=25
6*1=6  6*2=12 6*3=18 6*4=24 6*5=30 6*6=36
7*1=7  7*2=14 7*3=21 7*4=28 7*5=35 7*6=42 7*7=49
8*1=8  8*2=16 8*3=24 8*4=32 8*5=40 8*6=48 8*7=56 8*8=64
9*1=9  9*2=18 9*3=27 9*4=36 9*5=45 9*6=54 9*7=63 9*8=72 9*9=81
Press any key to continue
```

图 5.4 例 5.6 程序运行结果

5.3 break 语句和 continue 语句

break 语句仅能使用在循环语句和 switch 语句中。在 switch 语句中，已经接触了 break 语句。在循环中，break 语句的作用是使程序流程从循环中跳出，即提前结束本次循环，接着执行循环语句后面的其他语句。而 continue 语句仅能使用在循环语句中，用于在循环中提前结束本次循环。

例 5.7 读程序分析 break 语句和 continue 语句的功能。

```
#include <stdio.h>
void main()
{
    int i;
    for(i=1; i<=10;i++)
    {
        printf("%2d",i);
        if(i==3)
            break;
    }
    printf("\n");
}
```

例 5.7 程序的运行结果如图 5.5 所示。

```
 1 2 3
Press any key to continue
```

图 5.5　例 5.7 程序运行结果 1

如果将例 5.7 中的 break 语句换成 continue 语句的话，运行结果如图 5.6 所示。

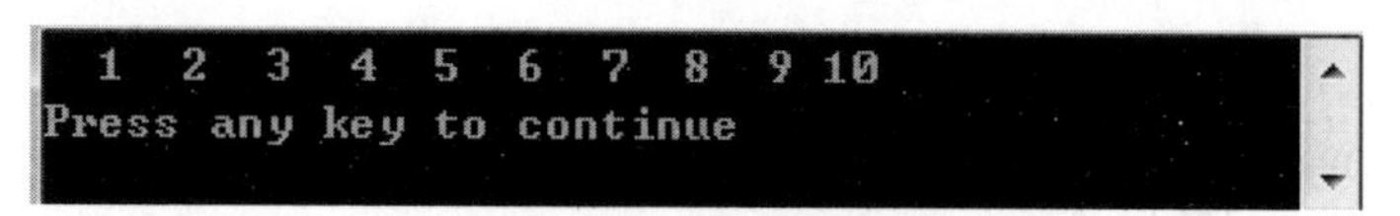

图 5.6　例 5.7 程序运行结果 2

小提示：break 语句和 continue 语句的区别

break 语句是结束整个循环，不再判断循环的条件是否成立。continue 语句只是结束本次循环，而不是终止循环。如有以下两个循环结构：

（1）while(表达式 1)
```
{
    …
    if(表达式 2)break;
    …
}
```

（2）while(表达式 1)
```
{
    …
    if(表达式 2)continue;
    …
}
```

程序结构（1）的流程如图 5.7（a）所示，可以看到当表达式 2 为真的时候，跳出循环，执行循环语句后的语句。程序结构（2）的流程如图 5.7（b）所示，当表达式 2 为真的时候，忽略循环体其他尚未执行的语句，接着判断表达式 1 的真假。

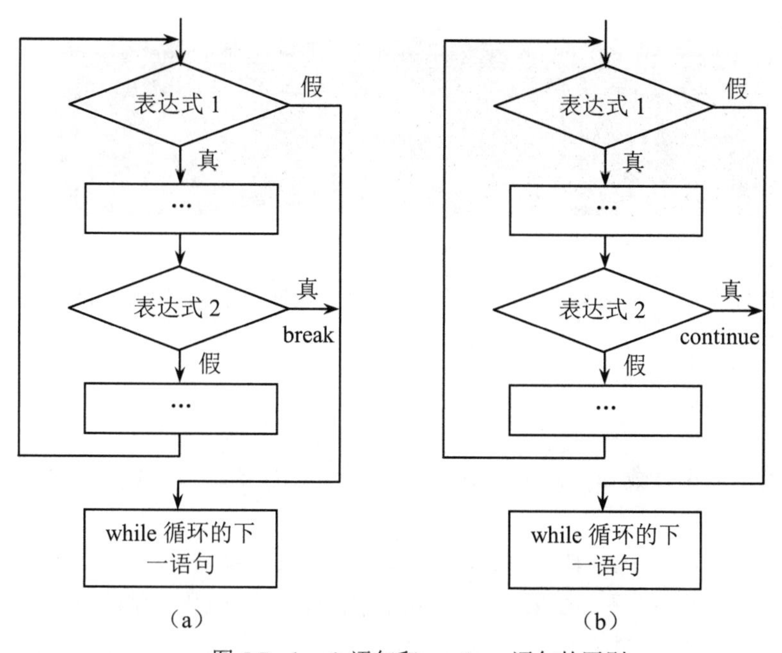

图 5.7　break 语句和 continue 语句的区别

5.4 循环结构程序举例

例 5.8 编写程序把 100 以内不能被 3 整除的正整数输出。

```
#include <stdio.h>
void main()
{
    int i, count;
    for(i=1;i <= 100; i++)
    {
        if(i % 3 == 0)
        {
            continue;
        }
        count++;                    /*对输出的数据个数进行计数*/
        printf("%5d", i);
        if(count % 10 == 0)         /*使输出结果每行 10 个数据*/
        {
            printf("\n");
        }
    }
}
```

例 5.8 程序的运行结果如图 5.8 所示。程序中 continue 语句的作用是结束本次循环，即跳过循环体中其他尚未执行的语句，接着进行是否下一次循环的判定。在程序中如果条件“i % 3 == 0”为真，则 continue 语句将会使程序流程转向 for 语句的表达式 3（i++），而忽略后面尚未执行完的循环体。

```
    1    2    4    5    7    8   10   11   13   14
   16   17   19   20   22   23   25   26   28   29
   31   32   34   35   37   38   40   41   43   44
   46   47   49   50   52   53   55   56   58   59
   61   62   64   65   67   68   70   71   73   74
   76   77   79   80   82   83   85   86   88   89
   91   92   94   95   97   98  100
```

图 5.8 例 5.8 运行结果

当然在例 5.8 程序中，也可以直接用一个 if 语句来处理不能被 3 整除的数：

```
if(i % 3 != 0)
{
    printf("%5d", i);
}
```

例 5.9 输入一个正整数 m，判断 m 是否为素数（只能被 1 和它本身整除的数），并输出结果。

编程思路：用 2～$\sqrt{m}$ 范围内所有的数去除 m，如果 m 能够被其中任意一个数整除，则此时 m 必然不是素数，结束循环。如果在 2～$\sqrt{m}$ 范围内没有一个数能整除 m，则 m 一定是素数。程序如下：

```
#include <stdio.h>
#include <math.h>
void main()
{
    int i, m, k;
    printf("Please input a number: ");          /*在屏幕上提示用户输入数据*/
    scanf("%d", &m);
    k=(int)sqrt(m);                             /*将函数 sqrt 的返回值强制转化成 int 型*/
    for(i=2; i <= k; i++)
    {
        if(m % i == 0)
        {
            break;
        }
    }
    if(i > k)
    {
        printf("%d is a prime number.\n", m);
    }
    else
    {
        printf("%d is not a prime number.\n", m);
    }
}
```

例 5.9 程序的运行结果如图 5.9 所示。

```
Please input a number: 9
9 is not a prime number.
Please input a number: 17
17 is a prime number.
```

图 5.9　例 5.9 运行结果

在 switch 语句中，已经接触了 break 语句，其作用是使程序流程跳出 switch 语句，继续执行 switch 语句后的其他语句。在例 5.9 程序中，break 语句的作用是使程序流程从循环中跳出，即提前结束循环，接着执行循环语句后面的语句。

例 5.10　输出 100～200 间所有的素数，每行输出 10 个数据。

编程思路：从例 5.9 程序中，已经了解了怎样来判断给定的数 m 是否是素数，要找出 100～200 间所有的素数，只需要将这个范围内所有的整数一一进行判断，如果是素数，则输出。据此，程序如下：

```
#include <stdio.h>
#include <math.h>
void main()
{
    int m, k, i, count=0;
    for(m=101; m <= 200; m += 2)
    {
```

```
        k=(int)sqrt(m);
        for(i=2; i <= k; i++)
        {
            if(m % i == 0)
            {
                break;
            }
        }
        if(i > k)
        {
            printf("%5d", m);
            count++;
        }
        if(count % 10 == 0)            /*输出的数据满 10 个则进行换行处理*/
        {
            printf("\n");
        }
    }
    printf("\n");
}
```

例 5.10 程序的运行结果如图 5.10 所示。在例 5.10 程序中在一个循环体内又包含另一个完整的循环结构，称为循环嵌套。内嵌的循环中还可以嵌套循环。3 种循环语句可以相互嵌套，理论上，嵌套的层数没有限制，但是嵌套的层数太多，会降低程序的可读性。

```
101  103  107  109  113  127  131  137  139  149
151  157  163  167  173  179  181  191  193  197
199
```

图 5.10　例 5.10 运行结果

本章语句总结

C 语言提供的控制语句，用于完成一定的控制功能。

（1）for(表达式 1;表达式 2;表达式 3)：for 循环语句。表达式 1 只在循环语句执行前执行一次，然后判断表达式 2 的真假，如果为真，循环体就被执行一次，然后执行表达式 3（一般为循环变量更新），接着再次判断表达式 2 的真假，如此反复，直到表达式 2 为假的时候，才结束循环。

（2）while(表达式)：while 循环语句。如果表达式为真，则执行循环体，直到表达式为假的时候结束循环。

（3）do…while(表达式)：do…while 循环语句。先执行循环体，然后判断表达式是否为真，如果为真则继续执行循环体，直到表达式为假时结束循环。

（4）continue：结束本次循环，忽略循环体中尚未执行的语句，接着判断循环条件来决定是否进行下一次循环。

（5）break：终止执行 switch 语句或者循环语句。

随 堂 练 习

输出所有的“水仙花数”。所谓“水仙花数”是指一个 3 位数，其各位数字立方和等于该数本身。例如，153 是一个水仙花数，因为 $153=1^3+5^3+3^3$。

5.5 小　　结

在程序设计的过程中，任意复杂的程序结构都可以分解成顺序、选择和循环三种基本结构。本章主要介绍 C 语言中的循环语句。

循环结构的程序可以处理需要反复执行某一个程序段的情况。C 语言中提供的循环语句有 while 语句、do…while 语句和 for 语句三种语句。break 语句、continue 语句是跳转语句，将程序流程跳转到程序的其他位置。break 语句导致程序流程跳转到紧跟在包含它的循环或 switch 末尾的下一条语句；continue 语句导致程序流程跳过包含它的循环语句剩余部分，开始下一循环周期。

5.6 习　　题

1．输入两个正整数 m 和 n，求其最大公约数和最小公倍数。

2．输入一行字符，分别统计出其中英文字母、空格、数字和其他字符的个数。

3．输入一个实数 x，计算并输出下式的值，直到最后一项的绝对值小于 10^{-5}（保留两位小数）。

$$s=x+\frac{x^2}{2!}+\frac{x^3}{3!}+\frac{x^4}{4!}+\cdots$$

4．求 Fibonacci 数列的前 40 个数。该数列的通项式如下：

$$\begin{cases} F_1=1 & (n=1) \\ F_2=2 & (n=2) \\ F_n=F_{n-1}+F_{n-2} & (n\geqslant 3) \end{cases}$$

同时，这也是一个古老而有趣的古典数学问题：有一对兔子，从出生后第 3 个月起每个月都生一对兔子。小兔子长到第 3 个月又生一对兔子。假设所有的兔子都不死，问每个月兔子的总数是多少。

5．有一分数序列：

$$\frac{2}{1},\ \frac{3}{2},\ \frac{5}{3},\ \frac{8}{5},\ \frac{13}{8},\ \frac{21}{13},\ \cdots$$

求出这个数列前 20 项之和。

6．猴子吃桃问题。猴子第一天摘下若干桃子，当即吃了一半，还不过瘾，又多吃了一个。第二天早上又将剩下的桃子吃掉一半，又多吃一个。以后每天早上都吃了前一天剩下的一半加一个。到第十天早上再想吃时，发现只剩一个桃子了。求第一天共摘了多少桃子。

7．百钱买百鸡问题。鸡翁一值钱五，鸡母一值钱三，鸡雏三值钱一。凡百钱买百鸡，问鸡翁、鸡母、鸡雏各几何。

8．输入两个正整数 m 和 n，求其最大公约数和最小公倍数。提示，求最大公约数的算法如下：

（1）将两个数中较大的放在变量 m 中，较小的放在 n 中；

（2）求出 m 被 n 除后的余数；

（3）若余数为 0，转步骤（7），否则转步骤（4）；

（4）把除数作为新的被除数，余数作为新的除数；

（5）求出新的余数；

（6）重复步骤（3）~（5）；

（7）输出 n。n 即为最大公约数。

最小公倍数＝（m×n）÷最大公约数。

9．一个数如果恰好等于它的因子之和，这个数就称为“完数”。例如 6 的因子为 1、2、3，而 6＝1＋2＋3，因此 6 是“完数”。编写程序找出 1000 之内的所有完数，并按下面的格式输出其因子：

6 its factors are 1，2，3

第 6 章　数　　组

前文讲过一些常用的变量类型，例如整型、浮点型、字符型，这些都是 C 语言的基本数据类型。对于一些简单问题，使用这些基本数据类型就够了。但是随着问题逐渐复杂，以上的基本数据类型就逐渐不够用了。例如，对 100 个数的数列求和，存储这 100 个数就需要 100 个变量，可以用 a1、a2、a3、…、a100 表示，但是如果数据更多，比如有 10000 个数，用这种方法就很难处理了。其实，在数学中，采用数列的表示方法可以很容易地解决这样的问题，上题中 100 个数可以表示为 a_1、a_2、a_3、…、a_{100}，也就是用同一个名称 a 表示数，用 a 的下标表示第几个数。这种方法的好处：一是意义清晰，使一组数据拥有统一的名称；二是下标的数字没有限制，可以表示非常多的数据。

计算机语言借鉴了数列这种表示方法，将一批具有相同名称、相同属性的变量组成一个数组（array），每个元素有不同的序号，称为下标（subscript）。用数组名称和下标可唯一确定数组中的元素。计算机语言要求一个数组中的所有元素属于同一个数据类型，比如同是整型或浮点型。但在计算机语言中，无法使用上下标，所以将下标放在方括号“[ ]”内，写在数组名称后来表示数组元素。

在使用数组后，可以使用循环处理大批量同类数据，非常简便。

6.1　一 维 数 组

6.1.1　一维数组的定义

数组的本质是一系列具有相同数据类型的变量。要使用数组变量，仍然要先定义数组。定义数组首先要确定数组变量的数据类型，然后确定数组变量的个数。

数组定义的一般形式为：

```
数据类型　数组名称[常量表达式];
```

数据类型就是前文讲过的变量类型，例如整型、浮点型、字符型；数组名称的命名规则和变量名的命名规则相同；方括号中的常量表达式表示元素的个数。

例如：

```
int a[10];
```

a 是数组名称，int 表示数组 a 的所有元素都是整型数据，10 表示数组中一共有 10 个变量，这 10 个变量分别为：a[0]、a[1]、a[2]、a[3]、a[4]、a[5]、a[6]、a[7]、a[8]、a[9]。注意，变量下标从 0 开始，一共 10 个变量，所以下标到 9 为止，不存在 a[10]这个变量。

在上述数组变量定义后，从内存中划出一片连续的存储空间，用来存放这 10 个整型变量。在 VC++ 6.0 编译系统中，整型变量占 4 个字节，数组 a 拥有 10 个整型变量，所以占据连续的 40 个字节存储空间，如图 6.1 所示。

a[0]	a[1]	a[2]	a[3]	a[4]	a[5]	a[6]	a[7]	a[8]	a[9]

图 6.1 数组 a 示意图

小提示：一维数组的定义

（1）定义数组时，常量表达式最常采用整型常量和符号常量的表达式，例如:

```
int a[4+5];
float b[10];
```

或

```
#define N 10
int a[N];
char ch[N*2];
```

（2）定义数组时，常量表达式的值（设为 n）为数组变量的个数，数组变量的下标从 0 开始到 n-1 结束，没有 n 这个下标。

6.1.2 一维数组的引用

定义数组后，使用数组变量就是数组的引用。引用数组元素的形式为：

数组名[下标]

引用数组变量时，一定要先定义数组变量。数组引用中的下标的值要求是整型数据，可以是常量表达式，也可以是变量表达式。数组变量与基本类型变量的功能和用法一致，可以被赋值，也可以用在表达式中。

例如，a[0]是数组 a 中序号为 0 的数组变量，它和基本类型变量一样使用。

例 6.1 将 0、1、2、3、4、5、6、7、8、9 这 10 个整数存储在一个数组中，并分别按照正序和逆序输出所有数据。

```
#include <stdio.h>
int main()
{
    int i,a[10];
    for(i=0; i <= 9; i++)
        a[i]=i;
    for(i= 0;i<= 9; i++)
        printf("%d   ", a[i]);
    printf("\n");
    for(i=9; i >= 0; i--)
        printf("%d   ",a [i]);
    printf("\n");
    return 0;
}
```

例 6.1 程序的运行结果如图 6.2 所示。例 6.1 程序的第 5 行和第 6 行的 for 循环结构，分别给每一个循环变量赋值，赋值结果如图 6.3 所示。

```
0  1  2  3  4  5  6  7  8  9
9  8  7  6  5  4  3  2  1  0
Press any key to continue
```

图 6.2　例 6.1 程序的运行结果

a[0]	a[1]	a[2]	a[3]	a[4]	a[5]	a[6]	a[7]	a[8]	a[9]
0	1	2	3	4	5	6	7	8	9

图 6.3　数组 a 赋值结果

第 7 行和第 8 行的 for 循环结构，在屏幕输出结果的第 1 行（图 6.2），按照正序每一次 printf() 函数输出一个数组变量的值，并且输出 2 个空格（空格的功能仅是让数据分开）；第 9 行的 printf() 函数的功能是换行；第 10 行和第 11 行的 for 循环结构，按照逆序输出所有的数组变量。

小提示：一维数组的引用

数组元素的下标从 0 开始，在例 6.1 中，初学者经常会出现这样的错误：

```
for(i=1; i <= 10; i++)
    a[i]=i;
for(i=1; i <= 10; i++)
    printf("%d  ", a[i]);
```

6.1.3　一维数组的初始化

数组的初始化就是在数组定义的同时，给数组变量赋值。一维数组初始化的形式为：

数据类型 数组名称[常量表达式]={数据列表};

功能是将数据列表中的数据赋值给对应的数组变量。将数据按照数组变量的顺序放在花括号内，数值间用逗号分隔，这些数据称为初始化数据列表。

1. 对全部数组变量初始化

对全部数组变量初始化，需要将全部数据写在花括号内，例如：

```
int a[5]={1, 2, 3, 4, 5};
```

上述的定义及初始化相当于如下语句：

```
int a[5];
a[0]=1;
a[1]=2;
a[2]=3;
a[3]=4;
a[4]=5;
```

2. 对部分数组变量初始化

对部分数组变量初始化，可将部分数据写在花括号内，但数据必须从序号 0 开始连续初始化，不能间断，后面未初始化的数据系统自动赋值为 0，例如：

```
int a[5]={1, 2, 3};
```

上述的定义及初始化相当于如下语句：

```
int a[5];
a[0]=1;
a[1]=2;
a[2]=3;
a[3]=0;
a[4]=0;
```

3. 对全部数组变量初始化，可以不指定数组长度

对全部数组变量初始化，可以不指定数组长度，例如：

```
int a[5]={1, 2, 3, 4, 5};
```

也可以写成

```
int a[ ]={1, 2, 3, 4, 5};
```

6.1.4 一维数组的应用

例 6.2 实现对一年 12 个月中，每个月份的实际天数进行显示。

编程思路：将每个月份的天数赋值给相应的数组变量，按数组正序输出。

```
#include <stdio.h>
#define MONTHS 12
int main()
{
    int days[MONTHS]={31,28,31,30,31,30,31,31,30,31,30,31};
    int i;
    for (i=0; i < MONTHS; i++)
        printf("Month %d has %2d days.\n", i + 1, days[i]);
    return 0;
}
```

例 6.2 程序的运行结果如图 6.4 所示。第 2 条语句“#define MONTHS 12”的功能是将 MONTHS 定义为符号常量，值为 12。第 5 条语句定义了整型数组 days，包含 12 个数组变量，并给所有数组变量做初始化，每个值就是相应月份的天数。第 7、8 条语句按照月份顺序输出每个月份的天数，即按照正序输出数组 days 的每个值。

```
Month 1 has 31 days.
Month 2 has 28 days.
Month 3 has 31 days.
Month 4 has 30 days.
Month 5 has 31 days.
Month 6 has 30 days.
Month 7 has 31 days.
Month 8 has 31 days.
Month 9 has 30 days.
Month 10 has 31 days.
Month 11 has 30 days.
Month 12 has 31 days.
Press any key to continue
```

图 6.4 例 6.2 基本解法程序的运行结果

例 6.3 如果是闰年怎么办？如果考虑根据输入年份判断每个月份的天数呢？

编程思路：针对闰年和非闰年定义两个数组变量，分别用每个月份的天数赋值。根据输入

的年份，先判断是否为闰年，如果是闰年，正序输出闰年数组变量；如果不是闰年，正序输出非闰年数组变量。

例 6.2 改进写法：

```
#include <stdio.h>
#define MONTHS 12
int main()
{
    int days_leap[MONTHS]={31,29,31,30,31,30,31,31,30,31,30,31};
    int days_nonleap[MONTHS]={31,28,31,30,31,30,31,31,30,31,30,31};
    int i, year, leap;
    printf("请输入年份：");
    scanf("%d", &year);
    if (year % 4 == 0)
    {
        if (year % 100 == 0)
        {
            if (year % 400 == 0)
                leap=1;
            else
                leap =0;
        }
        else
            leap=1;
    }
    else
        leap=0;
    if (leap)
    {
        printf("%d is a leap year.\n", year);
        for (i=0; i < MONTHS; i++)
        printf("%d Month %d has %2d days.\n", year, i + 1,days_leap[i]);
    }
    else
    {
        printf("%d is not a leap year.\n", year);
        for (i=0; i < MONTHS; i++)
            printf("%d Month %d has %2d days.\n", year, i + 1,days_nonleap[i]);
    }
    return 0;
}
```

例 6.3 程序的运行结果如图 6.5 所示。第一个 if 结构，判断输入的年份是否为闰年，如果是闰年，将 leap 变量置 1；如果不是闰年，将 leap 变量置 0。第二个 if 结构，根据 leap 的值确定输出内容，如果 leap 值为 1，按照闰年输出；否则，按照非闰年输出。

```
"D:\c\第5章\Debug\5_2_2.exe"
请输入年份：2015
2015 is not a leap year.
2015 Month 1 has 31 days.
2015 Month 2 has 28 days.
2015 Month 3 has 31 days.
2015 Month 4 has 30 days.
2015 Month 5 has 31 days.
2015 Month 6 has 30 days.
2015 Month 7 has 31 days.
2015 Month 8 has 31 days.
2015 Month 9 has 30 days.
2015 Month 10 has 31 days.
2015 Month 11 has 30 days.
2015 Month 12 has 31 days.
Press any key to continue
```

图 6.5　例 6.3 程序的运行结果

例 6.4　用数组存储并输出 Fibonacci 数列的前 40 项。

编程思路：Fibonacci 数列的函数表示如下：

$$\begin{cases} F_1 = 1 & (n=1) \\ F_2 = 2 & (n=2) \\ F_n = F_{n-1} + F_{n-2} & (n>2) \end{cases}$$

```
#include <stdio.h>
#define N 40
int main()
{
    int i;
    int fib[N]={1, 1};
    for(i=2; i < N; i++)
        fib[i]=fib[i-1] + fib[i-2];
    for(i=0; i < N; i++)
    {
        if(i != 0 && i % 5 == 0) printf("\n");
        printf("%10d", fib[i]);
    }
    printf("\n");
    return 0;
}
```

例 6.4 程序的运行结果如图 6.6 所示。将 Fibonacci 数列的前两项赋值给前两个数组变量，其他项通过循环用语句“fib[i]=fib[i-1] + fib[i-2]”进行计算。输出时，if 语句用来控制换行，每行输出 5 个数据。

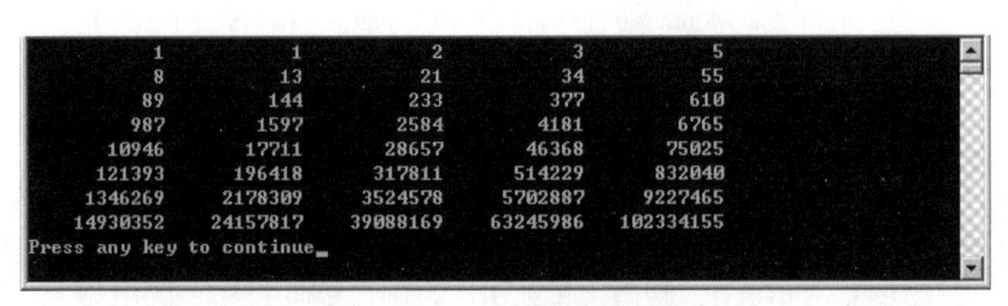

图 6.6　例 6.4 程序的运行结果

课 后 练 习

例 6.4 输出 Fibonacci 数列的前 40 项，如果要输出 60 项，上述程序需要怎样修改？

例 6.5　已知某班 10 名学生的考试成绩，查看该班级是否存在不及格的学生。

编程思路：用 60 与所有数组变量进行比较，将小于 60 的数组变量的序号和数值输出。

```
#include <stdio.h>
#define N 10
int main()
{
    int i;
    int score[N];
    int flag=1;
    printf("please input 10 scores:\n");
    for( i=0 ; i<N ; i++)
        scanf("%d", &score[i]);
    printf("\n");
    for( i=0 ; i<N ; i++)
        if(score[i]<60)
        {
            printf("No.%2d:%3d\n", i+1, score[i]);
            flag=0 ;
        }
    if(flag==1) printf("All pass!\n");
    return 0;
}
```

```
please input 10 scores:
98 90 88 60 30 86 65 75 35 78

No. 5: 30
No. 9: 35
Press any key to continue
```

图 6.7　例 6.5 程序的运行结果 1

例 6.5 程序的运行结果如图 6.7 所示。程序运行后，给出提示“please input 10 scores:”，按照顺序输入 10 个学生的成绩，程序使用 for 循环将每一个数组变量与 60 比较，小于 60 的学生的序号和成绩被输出，如果 10 个学生的成绩都大于等于 60，输出“All pass!”，如图 6.8 所示。

```
please input 10 scores:
100 90 89 95 60 88 75 68 65 80

All pass!
Press any key to continue
```

图 6.8　例 6.5 程序的运行结果 2

6.2 二维数组

C语言中除了一维数组，还允许定义任意维度的数组。现实中经常使用的是一维和二维数组，而三维数组以及更多维的数组并不常用。

6.2.1 二维数组的定义

二维数组最常见的用途是处理矩阵。表6.1表示了一个4×5（4行5列）的矩阵。

表6.1 4×5的矩阵

行号	列标				
	0	1	2	3	4
0	1	2	3	4	5
1	6	7	8	9	10
2	11	12	13	14	15
3	16	17	18	19	20

在数学中，通常使用双下标来引用矩阵中的元素。所以，如果将前面的矩阵称为M的话，那么$M_{i,j}$就代表第i行第j列上的那个元素，其中i的范围从1到4，j的范围从1到5。按照这个规则，很容易推断出$M_{3,2}$的值等于12，也就是第3行、第2列上的那个数字，而$M_{4,5}$代表第4行、第5列上的数字20。

可以用类似的方法引用C语言二维数组中的元素。不过，由于C语言通常从0开始计数，因此矩阵的第一行实际上在C语言中为第0行，矩阵的第一列在C语言中为第0列。表6.2显示了C语言中二维数组的行列编号。

表6.2 C语言中的4×5矩阵

第i行	第j列				
	0	1	2	3	4
0	1	2	3	4	5
1	6	7	8	9	10
2	11	12	13	14	15
3	16	17	18	19	20

二维数组定义的一般形式为：

数据类型 数组名[常量表达式][常量表达式];

例如：

```
int a[4][5];
```

这个语句定义了一个拥有4行、5列，共20个元素的二维数组，数组的每一个元素都是整型数据。

C语言中，有时可以将二维数组看成一组特殊的一维数组，如上述数组a，可以看成由a[0]、

a[1]、a[2]、a[3]这 4 个一维数组组成的二维数组，而每个一维数组包含 5 个元素，见表 6.3。其中，a[0]、a[1]、a[2]、a[3]可以看成是每行的名称。

表 6.3　二维数组行名称及行元素

行名称	行元素				
a[0]	a[0][0]	a[0][1]	a[0][2]	a[0][3]	a[0][4]
a[1]	a[1][0]	a[1][1]	a[1][2]	a[1][3]	a[1][4]
a[2]	a[2][0]	a[2][1]	a[2][2]	a[2][3]	a[2][4]
a[3]	a[3][0]	a[3][1]	a[3][2]	a[3][3]	a[3][4]

C 语言的这种处理方法在数组初始化和使用指针访问数组时非常方便。

二维数组看起来跟矩阵形式一致，但在内存中的排列顺序并不是二维的，而是按行存放、线性存储的。存储的方式按照顺序先存储序号 0 的所有行元素，然后是序号 1 的所有行元素，以此类推。

假设数组 a 从第 1000 个字节开始存储，每个整型数组变量占 4 个字节，数组 a 各个变量的顺序和存储的起始字节见表 6.4。

表 6.4　数组 a 变量的顺序和存储的起始字节

存储的起始字节	变量	说明
1000	a[0][0]	序号 0 的行元素
1004	a[0][1]	
1008	a[0][2]	
1012	a[0][3]	
1016	a[0][4]	
1020	a[1][0]	序号 1 的行元素
1024	a[1][1]	
1028	a[1][2]	
1032	a[1][3]	
1036	a[1][4]	
1040	a[2][0]	序号 2 的行元素
…	…	—
1076	a[3][4]	序号 3 的行元素

6.2.2　二维数组的引用

二维数组变量的引用形式为：

数组名[下标][下标]

引用数组变量时，一定要先定义数组变量。数组引用中的下标的值要求是整型数据，可以是常量表达式，也可以变量表达式。数组变量与基本类型变量的功能和用法一致，可以被赋值，也可以用在表达式中。

例如，a[0][0]是数组 a 中序号 0 行 0 列的数组变量，a[2][3]是数组 a 中序号 2 行 3 列的数组变量，它们的使用方法和基本类型变量一样。

小提示：二维数组的引用

二维数组不能写成 a[2,3]、a[5-3,2*3-2]等形式。

a[2][3]是数组 a 中序号 2 行 3 列的数组变量，不是数组中真正的第 2 行第 3 列，而是数组中的第 3 行第 4 列的变量。

定义 int b[4][5]; 以后，并不存在 b[4][5]这个数组变量，因为这里的数组 b 的行下标范围为 0～3，列下标范围为 0～4，引用 b[4][5]超出了数组的范围。

6.2.3 二维数组的初始化

二维数组初始化形式为：

数据类型 数组名称[常量表达式][常量表达式]= {数据列表};

由于二维数组有逻辑上行和列的概念，初始化数据列表有多种形式。

1. 类似一维数组的初始化

对全部数组变量初始化，需要将全部数据写在花括号内，例如：

```
int a[2][3]={1, 2, 3, 4, 5, 6};
```

上述的定义及初始化相当于如下语句：

```
int a[2][3];
a[0][0]=1;
a[0][1]=2;
a[0][2]=3;
a[1][0]=4;
a[1][1]=5;
a[1][2]=6;
```

这种初始化形式应用了二维数组顺序存储的原理，按照存储顺序给出所有数据。

2. 分行初始化

初始化时，将全部数据按照行结构写在花括号内。例如：

```
int a[2][3]={{1, 2, 3}, {4, 5, 6}};
```

这种初始化功能与前例相同，应用二维数组逻辑上的行结构原理，以每行为单位并用大括号区分。这种初始化方式逻辑性强，形式清晰、明确。

3. 对部分变量初始化

初始化时，将部分数据写在数据列表中。例如：

```
int a[2][3]={{1}, {4, 5}};
```

这种初始化，将每行给出的数据按照顺序赋值，其他无数据的变量值自动置 0，赋值后得到的数组如下：

1	0	0
4	5	0

这种方法对二维数组中每行后部 0 元素较多的情况非常方便。

还可以只对矩阵的某些行赋值，例如：

```
int a[3][4]={{1}, {}, {9, 10}}
```

得到的数组如下：

1	0	0	0
0	0	0	0
9	10	0	0

4. 对全部数组变量初始化，可以不指定数组长度

对全部数组变量初始化，可以不指定数组的第一维长度，例如：

```
int a[2][3]={1, 2, 3, 4, 5, 6};
```

也可以写成：

```
int a[ ][3]= {1, 2, 3, 4, 5, 6};
```

6.2.4　二维数组的应用

例 6.6　求矩阵 a 的转置。

已知：

$$a=\begin{bmatrix}10 & 20 & 30\\ 40 & 50 & 60\end{bmatrix}$$

变成：

$$a=\begin{bmatrix}10 & 40\\ 20 & 50\\ 30 & 60\end{bmatrix}$$

编程思路：定义两个数组，一个 2 行 3 列的数组 a 存放矩阵 a，另一个 3 行 2 列的数组 b 存放矩阵 a 的转置。将数组 a 中的变量 a[i][j]存放到数组 b 中的变量 b[j][i]中即可。访问二维数组的所有变量需要用双重循环结构来完成。

```
#include <stdio.h>
#define M 2
#define N 3
int main()
{
    int a[M][N]={{10, 20, 30}, {40, 50, 60}};
    int b[3][2], i, j;
    printf("array a:\n");
    for(i=0; i<M; i++)
    {
        for(j=0; j<N; j++)
        {
            printf("%4d", a[i][j]);
            b[j][i]=a[i][j];
        }
        printf("\n");
```

```
    }
    printf("array b:\n");
    for(i=0; i<N ; i++)
    {
        for(j=0; j<M; j++)
            printf("%4d",b[i][j]);
        printf("\n");
    }
    return 0;
}
```

例 6.6 程序的运行结果如图 6.9 所示。第一个嵌套循环实现两个功能：一是输出矩阵 a；二是将矩阵 a 的变量赋值给对应的矩阵 b 的变量。第二个嵌套循环输出矩阵 b。

图 6.9 例 6.6 程序的运行结果

例 6.7 将 5×5 矩阵 a 的左下半三角（包括主对角线）的元素置 0。

已知：

$$a=\begin{bmatrix}1&2&3&4&5\\6&7&8&9&10\\11&12&13&14&15\\16&17&18&19&20\\21&22&23&24&25\end{bmatrix}$$

变成：

$$a=\begin{bmatrix}0&2&3&4&5\\0&0&8&9&10\\0&0&0&14&15\\0&0&0&0&20\\0&0&0&0&0\end{bmatrix}$$

编程思路：考查所有的数组变量下标，寻找左下半三角元素的行列下标的规律。矩阵的左下半三角元素的列下标小于行下标，主对角线元素的列下标等于行下标。本题将列下标小于等于行下标的数组变量置 0 即可。

```
#include <stdio.h>
#define N 5
int main()
{
    int a[N][N]={{1, 2, 3, 4, 5}, {6, 7, 8, 9, 10}, {11, 12, 13, 14, 15},
```

```
                {16, 17, 18,19, 20}, {21, 22, 23, 24, 25}};
    int i, j;
    printf("array a:\n");
    for(i=0; i<N ; i++)
    {
        for(j=0; j<N; j++)
            printf("%4d",a[i][j]);
        printf("\n");
    }
    for(i=0; i<N; i++)
        for(j=0; j<=i; j++)
            a[i][j]=0;
    printf("new array a:\n");
    for(i=0; i<N ; i++)
    {
        for(j=0; j<N; j++)
            printf("%4d",a[i][j]);
        printf("\n");
    }
    return 0;
}
```

例 6.7 程序的运行结果如图 6.10 所示。第一个嵌套循环输出矩阵 a；第二个嵌套循环外层循环变量表示矩阵行下标，数值从 0～4，内层循环表示矩阵列下标，数值从 0～i，即列下标小于等于行下标，循环体语句将所有列下标小于等于行下标的数组变量置 0；第三个嵌套循环输出新的矩阵 a。

图 6.10　例 6.7 程序的运行结果

例 6.8　从一个 3×4 矩阵 a 中找到最大的元素的值，及其行列下标。

已知：

$$a=\begin{bmatrix}12 & 23 & 34 & 45\\ 22 & 32 & 42 & 11\\ 53 & 43 & 33 & 10\end{bmatrix}$$

编程思路：假设数组变量 a[0][0]为最大值，记为 max。访问数组 a 的变量，如果变量 a[i][j]大于变量 max，将变量 a[i][j]赋值给变量 max，并记录此变量的行列下标，使得变量 max 为已经访问变量中的最大值，访问数组 a 的所有变量后，变量 max 即为数组 a 中的最大值。

```
#include <stdio.h>
#define M 3
#define N 4
int main()
{
    int a[M][N]={{12, 23, 34, 45}, {22, 32, 42, 11}, {53, 43, 33, 10}};
    int i, j, max;
    int row=0, column=0;
    max=a[0][0];
    for(i=0; i<M; i++)
        for(j=0; j<N; j++)
            if(a[i][j]>max)
            {
                max=a[i][j];
                row=i;
                column=j;
            }
    printf("max=%d\nrow=%d\ncolumn=%d\n", max, row, column);
    return 0;
}
```

例 6.8 程序的运行结果如图 6.11 所示。在例 6.8 程序中，变量 max 存储矩阵变量的最大值，变量 row 存储最大值的行序号，变量 column 存储最大值的列序号，并将矩阵变量 a[0][0]的值及行列序号分别赋值给变量 max、row 和 column。嵌套循环对矩阵的每个变量进行判断，如果变量 a[i][j]大于现有变量最大值 max，就将变量 a[i][j]赋值给变量 max，并将变量 a[i][j]的行列序号 i、j 保存在变量 row、column 中。

图 6.11　例 6.8 程序的运行结果

6.3　字符数组和字符串

字符型数据是存储字符的 ASCII 码，占 1 个字节，在 C 语言中，将字符型数据归为整型数据。字符型数据的应用比较广泛，特别是由若干个字符组成的字符串应用更多。C 语言中并没有字符串类型，但可以通过字符数组来处理字符串。

6.3.1　字符数组的定义和引用

1. 字符数组的定义

字符数组定义的一般形式为：

```
char 数组名[常量表达式];
```

例如：

```
char ch[10];
ch[0]='c'; ch[1]=' '; ch[2]='p'; ch[3]='r'; ch[4]='o'; ch[5]='g'; ch[6]='r'; ch[7]='a'; ch[8]='m'; ch[9]='\0';
```

上述语句运行后，数组 ch 在内存中的存储结构如图 6.12 所示。

ch[0]	ch[1]	ch[2]	ch[3]	ch[4]	ch[5]	ch[6]	ch[7]	ch[8]	ch[9]
c		p	r	o	g	r	a	m	\0

图 6.12　数组 ch 示意图

其中，数组变量 ch[1]存储的是空格字符，数组变量 ch[9]存储的是空字符（即'\0'，也就是 ASCII 码的 0）。

2. 字符数组的初始化

字符数组初始化的一般形式为：

```
char 数组名[常量表达式]={字符列表};
```

例如：

```
char ch[10]={'c', ' ', 'p', 'r', 'o', 'g', 'r', 'a', 'm', '\0'};
```

也可以等价写成：

```
char ch[10]={'c', ' ', 'p', 'r', 'o', 'g', 'r', 'a', 'm'};
```

上述两个语句的结果同为图 6.12。在初始化字符数组时，如果初值数量大于数组长度，就会出现语法错误；如果初值数量小于数组长度，就会将初值按顺序存储在数组变量中，剩余的数组变量会自动赋值为空字符；如果初值数量等于数组长度，就会将初值按顺序存储在数组变量中，数组中不会出现空字符。

类似地，可以定义并初始化一个二维字符数组，例如：

```
char triangle[4][7]={{' ', ' ', ' ', '*'}, {' ', ' ', '*', '*', '*'}, {' ', '*', '*', '*', '*', '*'}, {'*', '*', '*', '*', '*', '*', '*'}};
```

这个语句的结果如图 6.13 所示。

			*			
		*	*	*		
	*	*	*	*	*	
*	*	*	*	*	*	*

图 6.13　数组 triangle 的语句结果

3. 字符数组的引用

字符数组的引用与普通数组的引用类似，仅将数据类型改变为字符型即可。

例 6.9　输出字符串"c program"。

编程思路：定义一个字符数组，数组长度大于等于所有字符数量（空格也是字符），定义同时直接初始化，用循环输出这个字符数组。

```
#include <stdio.h>
#define M 10
int main()
```

```
{
    int i;
    char ch[M]={'c', ' ', 'p', 'r', 'o', 'g', 'r', 'a', 'm', '\0'};
    for(i=0; i<M; i++)
        printf("%c", ch[i]);
    printf("\n");
    return 0;
}
```

例 6.9 程序的运行结果如图 6.14 所示。

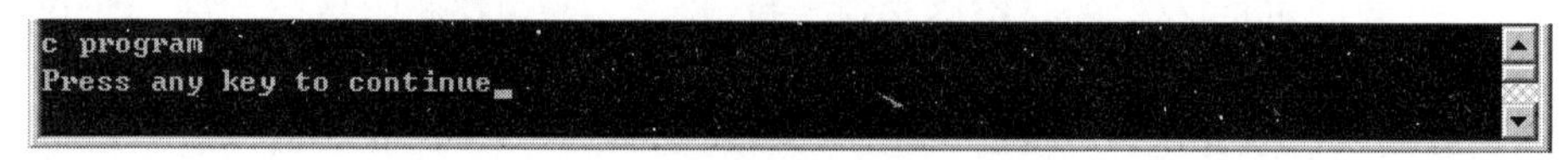

图 6.14　例 6.9 程序的运行结果

例 6.10　输出一个由“*”字符组成的三角形（图 6.15）。

```
   *
  ***
 *****
*******
Press any key to continue
```

图 6.15　“*”组成的三角形

编程思路：根据三角形的形状确定二维数组的行列数，然后记录每行“*”字符出现的位置，“*”字符前用空格字符初始化，“*”字符后不用初始化。

```
#include <stdio.h>
#define M 4
#define N 7
int main()
{
    int i, j;
    char triangle[M][N]={{' ', ' ', ' ', '*'}, {' ', ' ', '*', '*', '*'}, {' ', '*', '*', '*', '*', '*'},
                         {'*', '*', '*', '*', '*', '*', '*'}};
    for(i=0; i<M; i++)
    {
        for(j=0; j<N; j++)
            printf("%c", triangle[i][j]);
        printf("\n");
    }
    return 0;
}
```

6.3.2　字符串的初始化和应用

1. 字符串的初始化

C 语言中没有字符串类型，而是采用字符数组来处理字符串。

将字符串存储在字符数组的方式有三种：

（1）将字符串中的每个字符赋值给数组变量，例如：

```
char ch[10];
ch[0]='c'; ch[1]=' '; ch[2]='p'; ch[3]='r'; ch[4]='o'; ch[5]='g'; ch[6]='r'; ch[7]='a'; ch[8]='m'; ch[9]='\0';
```

（2）将字符串中的每个字符以初始化数组的形式赋值给数组变量，例如：

```
char ch[10]={'c', ' ', 'p', 'r', 'o', 'g', 'r', 'a', 'm', '\0'};
```

（3）将字符串整体以初始化数组的形式赋值给数组变量，例如：

```
char ch[10]={"c program"};
```

此处（1）、（2）、（3）中的示例，结果完全相同，如图 6.12 所示，变量 ch[9]的值为空字符（'\0'）。

2. 字符串的应用

字符串在使用中仍然需要输入输出，scanf()函数和 printf()函数使用格式符%c 输入输出一个字符的形式在前文中已经出现，这里不再赘述。

字符串使用 scanf()函数和 printf()函数的另一种形式是格式符%s。使用%s 是将整个字符串一次性输入或输出，输入或输出时使用数组名，不能使用数组变量。格式符%s 中的 s 是 string（字符串）的首字母。

当使用%s 输出字符串时，输出内容从字符串开始到空字符（'\0'）结束。如果用格式符%s 输出，字符串没有空字符（'\0'），系统会继续输出，后续字符则不确定。

例 6.11　字符串的输出。

```
#include <stdio.h>
int main()
{
    char ch1[10]={"c program"};
    char ch2[9]={"c program"};
    printf("%s\n", ch1);
    printf("%s\n", ch2);
    return 0;
}
```

例 6.11 程序的运行结果如图 6.16 所示。程序第 4 行和第 5 行为两个字符数组的初始化。程序第 6 行和第 7 行为两个字符数组的输出，输出时使用数组名，不能使用数组的某个变量（如 ch1[0]等）。

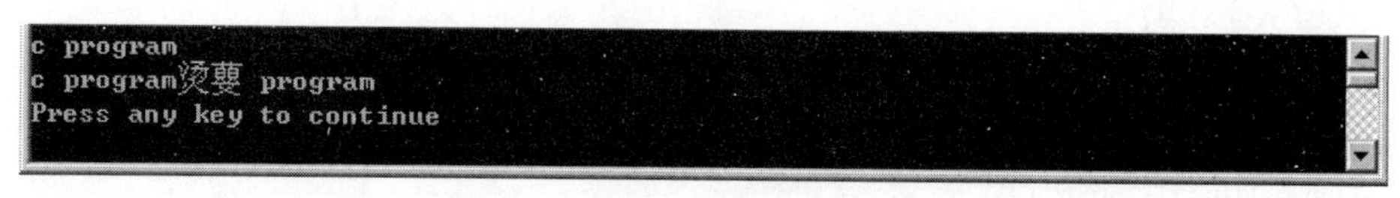

图 6.16　例 6.11 程序的运行结果

字符串"c program"中一共有 9 个字符，将此字符串初始化为数组 ch1[10]，结果为图 6.16 中的第 1 行，正常完成输出。如果将字符串初始化为数组 ch2[9]，由于字符串中字符数量与数组变量数量一致，字符数组中无空字符（'\0'）。输出时，系统在输出结果为"c program"后找不到空字符，继续输出，直到遇到空字符为止，结果为图 6.16 中的第 2 行（不同机器、不同运行情况下结果可能不一致）。

当使用%s 输入字符串时，不使用地址符号&，而直接使用数组名。系统读取字符串时，从输入的首字符到空格或回车结束。printf()函数用格式符%s 时，不能接收空格字符。

例 6.12 字符串的输入。

```
#include <stdio.h>
int main()
{
    char ch[10];
    scanf("%s", ch);
    printf("%s\n", ch);
    return 0;
}
```

运行程序后，当输入 hello 的时候，输出为 hello（图 6.17）。

```
hello
hello
Press any key to continue
```

图 6.17 例 6.12 程序的运行结果 1

运行程序后，当输入 hello world（字符串中有空格）的时候，输出为 hello（图 6.18），即输入字符串时，遇到空格字符，系统认为输入结束。

```
hello world
hello
Press any key to continue_
```

图 6.18 例 6.12 程序的运行结果 2

6.3.3 常用的字符串函数

C 语言除了可以使用通用的 printf()函数和 scanf()函数之外，还提供了一些专门处理字符串的函数。其中，puts()函数和 gets()函数包含在 stdio.h 文件中，其他字符串专用函数包含在 string.h 文件中。在本节中，字符数组指有存储能力的数组变量，字符串包括字符数组和字符串常量。

1. puts()函数

puts()函数一般形式为：

    puts(字符数组)

功能是将一个字符串输出到屏幕上。puts()函数的参数为数组名，不能为某个数组变量。

例如：

```
char ch[10]={"c program"};
puts(ch);
```

屏幕上输出"c program"。

2. gets()函数

gets()函数一般形式为：

    gets(字符数组)

功能是将一个字符串存储在字符数组中。字符数组为数组名，不能为某个数组变量。系统读取字符串时，从输入的首字符到回车结束。gets()函数可以接收空格字符。

例如：

```
char ch[10];
gets(ch);
```

程序运行时，在屏幕上输入的内容被存储在字符数组 ch 中。

3．strcat()函数

strcat()函数一般形式为：

strcat(字符数组 1,字符数组 2)

功能是将字符数组 2 连接到字符数组 1 后面，结果放在字符数组 1 中。这里，字符数组 1 的长度应该不小于原字符数组 1 和 2 的长度和。函数的返回值（结果）为字符数组 1 的地址（即字符数组 1 的数组名）。

例如：

```
char str1[15] ={"c"};
char str2[8] ={"program"};
puts(strcat(str1,str2));
```

输出结果为：

```
c program
```

4．strcpy()函数

strcpy()函数的一般形式为：

strcpy(字符数组 1,字符串 2)

功能是将字符串 2 复制到字符数组 1 中。这里，字符数组 1 的长度应该不小于字符串 2 的长度。函数名 strcpy 是 string copy（字符串复制）的简写。

例如：

```
char str1[10],str2[8]={"program"};
strcpy(str1,str2);
```

执行后，字符数组 str1 的存储情况如下：

p	r	o	g	r	a	m	\0

5．strcmp()函数

strcmp()函数的一般形式为：

strcmp(字符串 1,字符串 2)

功能是比较字符串 1 和字符串 2 的大小关系，如果字符串 1 大于字符串 2，则函数返回值为一个正整数；如果字符串 1 等于字符串 2，则函数返回值为 0；如果字符串 1 小于字符串 2，则函数返回值为一个负整数。函数名 strcmp 是 string compare（字符串比较）的简写。

字符串比较大小的规则为：将两个字符串自左至右逐个根据字符的 ASCII 码值的大小进行比较，直到出现不同的字符或遇到'\0'（字符串结束）为止。

常用字符的 ASCII 码值中，数字小于大写字母，大写字母小于小写字母。数字、小写字母、大写字母每类中都是按照顺序排列：数字中，0 最小，9 最大；大写字母中，A 最小，Z 最大；小写字母中，a 最小，z 最大。

例如：

"A"<"B"，"a"<"b"，"0"<"1"，"0"<"A"，"A"<"a"，"thaT"<"that"，"abc"<"b"

6．strlen()函数

strlen()函数一般形式为：

strlen(字符串)

功能是测试字符串的长度。字符串长度从首字符开始，到第 1 个空字符（'\0'）结束，不包括'\0'，不算字符数组的长度。函数名 strlen 是 string length（字符串长度）的简写。

例如：

```
char str[15]={"program"};
printf("%d",strlen(str));
```

输出结果为 7。

7. strlwr()函数

strlwr()函数一般形式为：

strlwr(字符串)

功能是将字符串中大写字母转换成小写字母。函数名 strlwr 是 string lowercase（字符串小写）的简写。

8. strupr()函数

strupr ()函数一般形式为：

strupr(字符串)

功能是将字符串中小写字母转换成大写字母。函数名 strupr 是 string uppercase（字符串大写）的简写。

6.3.4 字符数组的应用

例 6.13 字符串的逆置。

编程思路：将字符串存入数组 str1，将数组 str1 中的字符从后向前存储在数组 str2 中。

```
#include <stdio.h>
#include <string.h>
#define N 50
int main()
{
    char str1[N], str2[N];
    int i, n;
    puts("please input a string:");
    gets(str1);
    n=strlen(str1) ;
    for(i=0;i<n;i++)
        str2[i]=str1[n-1-i];
    str2[i]='\0';
    puts("the new string:");
    puts(str2);
    return0;
}
```

例 6.13 的运行结果如图 6.19 所示。在例 6.13 中，定义了两个字符数组 str1 和 str2，str1 存储原字符串，str2 存储逆置后的字符串。语句“n=strlen(str1) ;”求出字符数组 str1 中字符串的长度。循环结构将 str1 中字符逆序存储在 str2 中。语句“str2[i]='\0' ;”给 str2 中的字符串添加结束标志，以便使用 puts()函数输出。

```
please input a string:
this is a program.
the new string:
.margorp a si siht
Press any key to continue
```

图 6.19　例 6.13 程序的运行结果

例 6.14　能否只用一个字符数组完成例 6.13 的任务呢？

编程思路：将字符串存入数组 str1 中，假设字符串长度为 n，将第 1 个字符和最后一个字符调换位置，将第 2 个字符和倒数第 2 个字符调换位置，……，一直到字符串的中间字符。

```
#include<stdio.h>
#include<string.h>
#define N 50
int main()
{
    char str[N];
    int i,n,middle,temp;
    puts("please input a string:");
    gets(str);
    n=strlen(str) ;
    middle=n/2 ;
    for(i=0;i<middle ; i++)
    {
        temp=str[i];
        str[i]=str[n-1-i];
        str[n-1-i]=temp;
    }
    puts("the new string:");
    puts(str);
    return 0;
}
```

在例 6.14 中，变量 n 表示字符串 str 的长度，变量 middle 表示字符串 str 的中间字符为第几个。循环中从数组 str 序号 0 字符到序号 middle-1 字符，分别与数组 str 的后半部分字符调换位置。在例 6.14 中，空字符'\0'并没有参与交换，位置没有改变，不需要在循环后添加空字符作为结束标志。

例 6.15　输入 5 个字符串，输出其中最大和最小的字符串。

```
#include<stdio.h>
#include<string.h>
#define N 50
int main()
{
    int i;
    char str[N], min[N], max[N];
    printf("Please enter five string:\n");
    gets(str);
    strcpy(min, str);
    strcpy(max, str);
```

```
    for (i=0;i<4;i++)
    {
        gets(str);
        if (strcmp(str, min) <0)
            strcpy(min, str);
        if (strcmp(str, max)>0)
            strcpy(max, str);
    }
    printf("The min is:");
    puts(min);
    printf("The max is:");
    puts(max);
    return 0;
}
```

在例 6.15 中，定义了 3 个字符数组 str、min 和 max，str 存储当前字符串，min 存储当前最小字符串，max 存储当前最大字符串。第 1 个“gets(str)”获取第 1 个字符串，并将此时的 min 和 max 存储第 1 个字符串。通过循环获取新的字符串存储在数组 str 中，判断 str 和 min 的大小关系，如果 str 小于 min，则将 str 复制给 min；再判断 str 和 max 的大小关系，如果 str 大于 max，则将 str 复制给 max。循环结束后，数组 min 中存储最小字符串，数组 max 中存储最大字符串。最后，输出数组 min 和 max。

6.4 小　结

本章主要介绍了以下几方面内容：

（1）一维数组的应用。

（2）二维数组的应用。

（3）字符数组和字符串的应用。

6.5 习　题

1．输出 100 之内的所有的素数。

2．对 10 个整数排序，分别按正序和倒序输出。

3．求一个 3×3 的整形矩阵对角线元素之和。

4．有一个已排好序的数组，今输入一个数，要求按原来排序的规律将它插入数组中。

5．打印杨辉三角（要求打印出 10 行）。

```
1
1   1
1   2   1
1   3   3   1
1   4   6   4   1
1   5   10  10  5   1
⋮
```

6．找出一个二维数组中的鞍点，即该位置上的元素在该行上最大，在该列上最小（数组也可能没有鞍点）。

7．有 15 个数由大到小顺序存放在一个数组中，输入一个数，要求用折半查找法找出该数是数组中第几个元素的值。如果该数不在数组中，则打印“无此数”。

8．有一篇文章，共有 3 行文字，每行有 80 个字符。要求分别统计出其中英文大写字母、小写字母、数字、空格以及其他字符的个数。

9．打印以下图形：

```
        *
    *   *   *
*   *   *   *   *
    *   *   *
        *
```

10．编写一个程序将两个字符串连接起来。要求：不使用 strcat()函数。

11．编写程序，将字符数组 s2 中的全部字符拷贝到字符数组 s1 中。拷贝时，'\0'也要拷贝过去，'\0'后面的字符不拷贝。要求：不使用 strcpy()函数。

12．有一行电文，已按下面的规律译成密码：

A→Z　a→z

B→Y　b→y

C→X　c→x

…　…

即第 1 个字母变成第 26 个字母，第 i 个字母变成第（26-i+1）个字母，非字母字符不变。要求编写程序将密码译回原文，并打印出密码和原文。

第 7 章　函数与模块化程序设计

函数是 C 语言的基本组成单位。在前面的章节中，已经多次使用了系统的库函数，如 printf()、scanf()、getchar()、putchar()等。本章将介绍在 C 语言中，如何来编写属于自己的函数。

7.1　函 数 概 述

在前面已经介绍过，C 程序是由函数组成的。虽然在前面各章的程序中大都只有一个主函数 main()，但实用程序往往由多个函数组成。函数是 C 程序的基本模块，通过对函数模块的调用可以实现特定的功能。C 语言中的函数相当于其他高级语言的子程序。C 语言不仅提供了极为丰富的库函数（如 Turbo C，MS C 都提供了三百多个库函数），还允许用户自己定义函数。用户可把自己的算法编成一个个相对独立的函数模块，然后用调用的方法来使用函数。可以说 C 程序的全部工作都是由各式各样的函数完成的，所以也把 C 语言称为函数式语言。

一个较大的程序一般应分为若干个程序模块，每一个模块用来实现一个特定的功能。一个 C 程序可由一个主函数和若干个函数构成。由主函数调用其他函数，其他函数也可以互相调用。同一个函数可以被一个或多个函数任意调用多次。

7.1.1　定义函数

首先来了解一下什么是函数？函数是一个独立的程序单元，它可以实现一项特殊的功能。C 语言中函数的地位和 Pascal、Basic 等语言中的子程序、过程概念等同。函数的功能很多，一些函数用来完成某种行为动作，例如 printf()函数是向屏幕输出数据；另外一些函数实现查找功能，例如 strlen()函数实现求字符串的长度并将数值返回。一般而言，函数可以实现用户规定动作和提供返回值等功能。

函数最重要的优点是通过结构化程序设计避免了重复代码的编写，对于一个特定的功能，只需要书写一个函数，这样在其他地方就可以通过调用它来节省时间和空间。这对于 printf()这样的函数而言优势尤为明显，这些函数使用十分频繁，因而成为了 C 语言的标准库函数。当然对于一个函数，即使其使用次数很少，写成函数形式亦使得整个程序的结构清晰。

根据参数的有无将函数分为无参函数和有参函数，先介绍无参函数。

无参函数的定义形式：

```
[类型标识符或 void]  函数名(     )
{
    类型说明部分;
    语句部分;
}
```

其中，类型标识符和函数名称为**函数头**。类型标识符指明了本函数的类型，函数的类型实际上是函数返回值的类型。该类型标识符与前面介绍的各种说明符相同。函数名是由用户定义的标识符，函数名后有一个空括号，其中无参数，但括号不可少。

花括号“{}”中的内容称为**函数体**。在函数体中的“类型说明部分”，是对函数体内部所用到的变量的类型说明。

在很多情况下都不要求无参函数有返回值，此时函数类型符可以写为 void。

改写一个函数定义：

```
void fun1()
{
    printf ("This is my first function \n");
}
```

这里，只把 main 改为 fun1 作为函数名，其余不变。fun1 函数是一个无参函数，当被其他函数调用时，输出“This is my first function”字符串。

C 语言中函数的特点：

（1）一个源文件由一个或多个函数组成，它是一个独立的编译单元。

（2）一个 C 程序由一个或多个源文件组成。

（3）C 程序执行总是从 main 函数开始，调用其他函数后再回到 main 函数，在 main 函数中结束整个程序的运行。

（4）函数不能嵌套定义，但可以互相调用。注意不能调用 main 函数。

7.1.2　形式参数和实际参数

前面介绍了无参函数的定义，现在介绍有参函数的相关知识。

有参函数的定义形式：

```
[类型说明符] 函数名([数据类型 1　变量名 1] [,…,数据类型 n  变量名 n])
{
    变量说明部分;
    语句部分;
}
```

有参函数比无参函数多了一个内容，即形式参数列表。

有参函数的参数分为形式参数和实际参数。

1. 形式参数

形式参数也称为形参，出现在函数定义中，在其所在的函数内都可以使用，离开所在的函数则不能使用。如下例中 min()函数函数头中的 a 和 b 都是形参。

例如，定义一个函数，用于求两个数中的最小值，可写为：

```
int min(int a, int b)
{
    if (a>b) return b;
    else return a;
}
```

2. 实际参数

实际参数也称为实参，实参出现在主调函数的函数调用中，关于函数调用的具体格式见 7.2 节。如下例中的 x 和 y 就是实际参数，对应上例中的形式参数 a 和 b。

例 7.1　编写函数，求出两个数中的最小值。

```
#include <stdio.h>
int min(int a, int b)              /*此时的 a 和 b 为形式参数*/
{
    if(a < b)
    return a;
    else
    return b;
}
void main()
{
    int min(int a, int b);         /*对所定义函数进行说明，该函数的定义在调用之前，可省略*/
    int x, y, z;
    printf("input two numbers:\n");
    scanf("%d%d", &x, &y);
    z=min(x, y);                   /*此时的 x 和 y 为实际参数*/
    printf("minnum=%d", z);
}
```

例 7.1 程序的运行结果如图 7.1 所示。

```
input two numbers:
23 14
minnum=14
```

图 7.1　例 7.1 的运行结果

根据例 7.1 程序和图 7.1 可总结出形参与实参的特点与相互关系。形参出现在函数定义中，在整个函数体内都可以使用，离开该函数则不能使用。实参出现在主调函数中，进入被调函数后，实参变量也不能使用。形参和实参的功能是做数据传送。发生函数调用时，主调函数把实参的值传送给被调函数的形参从而实现主调函数向被调函数的数据传送。

函数的形参和实参具有以下特点：

形参变量只有在被调用时才分配内存单元，在调用结束时，即刻释放所分配的内存单元。因此，形参只有在函数内部有效。函数调用结束返回主调函数后则不能再使用该形参变量。

实参可以是常量、变量、表达式、函数等，无论实参是何种类型的量，在进行函数调用时，它们都必须具有确定的值，以便把这些值传送给形参。因此应预先用赋值、输入等办法使实参获得确定值。

实参和形参在数量上、类型上、顺序上应严格一致，否则会发生类型不匹配的错误。

函数调用中发生的数据传送都是单向的，即只能把实参的值传送给形参，而不能把形参的值反向传送给实参。因此在函数调用过程中，形参的值发生改变，而实参中的值不会变化。

例 7.2　形式参数和实际参数间的数据传递。

```
#include <stdio.h>
void main()
{
    int s(int n);
    int n;
    printf("input number\n");
```

```
    scanf("%d", &n);
    s(n);
    printf("n=%d\n",n);
}
int s(int n)
{
    int i;
    for(i=n-1;i>=1;i--)
    n=n+i;
    printf("n=%d\n",n);
}
```

例 7.2 程序的输出结果如图 7.2 所示。

```
input number
50
n=1275
n=50
```

图 7.2　例 7.2 的运行结果

本程序中定义了一个函数 s，该函数的功能是求 $\sum n_i$ 的值。在主函数中输入 n 值，并作为实参，在调用时传送给 s 函数的形参 n（注意，本例的形参变量和实参变量的标识符都为 n，但这是两个不同的量，各自的作用域不同）。在主函数中用 printf()语句输出一次 n 值，这个 n 值是实参 n 的值。在函数 s 中也用 printf()语句输出一次 n 值，这个 n 值是形参最后取得的 n 值 0。从运行情况看，输入 n 值为 50，即实参 n 的值为 50。当把此值传给函数 s 时，形参 n 的初值也为 50，在执行函数过程中，形参 n 的值变为 1275。返回主函数之后，输出实参 n 的值仍为 50。可见实参的值不随形参的变化而变化。

知识点补充：C 语言中的空函数

在程序设计中有时会用到空函数。它的定义形式为：

```
[类型说明符] 函数名()
{
}
```

例如：

```
void wait()
{
}
```

调用此函数时，什么工作都不做。一般情况下只起提示作用，提示编译者此处应该还有一个未完成函数。

3. 函数的返回值

函数的返回值即调用函数后所得到的值。C 语言可以从被调函数得到函数的返回值给主调函数（一般情况下主调函数为 main()函数），在函数内通过 return 语句实现。如果函数不需要返回值，则函数类型为 void。

对函数的值（或称函数返回值）有以下一些说明：

（1）函数的值只能通过 return 语句返回主调函数。

return 语句的一般形式为：

    return 表达式;

或者为：

    return(表达式);

该语句的功能是计算表达式的值，并返回给主调函数。在函数中允许有多个 return 语句，但每次调用只能有一个 return 语句被执行，因此只能返回一个函数值。

（2）函数值的类型和函数定义中函数的类型应保持一致。如果两者不一致，则以函数类型为准，自动进行类型转换。

（3）如果函数值为整型，在函数定义时可以省去类型说明。

为了使程序有良好的可读性并减少出错，凡不要求返回值的函数都应定义为空类型。

随 堂 练 习

写出下例程序的运行结果。

```
#include "stdio.h"
void main()
{
    int max(float x, float y);
    float a, b;
    int c;
    scanf("%f,%f", &a, &b);
    c=max(a, b);
    printf("max is %d\n", c);
}
int max(float x,float y)
{
    float z;
    z=x > y ? x : y;
    return z;
}
```

小提示：C 语言中函数的定义位置

在 C 程序中，一个函数的定义可以放在任意位置，既可放在主函数 main 之前，也可放在主函数 main 之后。如上例所示，可以把 min 函数放置在主函数 main 之后，也可以把它放在主函数 main 之前。修改后的程序如下所示。

例 7.3 编写函数，求出两个数中的最小值。

```
#include <stdio.h>
int min(int a,int b)
{
    if(a<b)
```

```
        return a;
        else
        return b;
    }
    void main()
    {
        int min(int a,int b);
        int x,y,z;
        printf("input two numbers:\n");
        scanf("%d%d",&x, &y);
        z=min(x,y);
        printf("minnum=%d",z);
    }
```

该程序的运行结果同例 7.1。

7.2　函数的嵌套调用与递归调用

7.2.1　函数的嵌套调用

一个 C 语言程序由一个 main()函数和多个其他函数组成，main()函数可以调用其他函数，其他函数也可以相互调用。C 语言中的函数必须遵循“先定义后使用”的原则，如果被调用的函数定义在调用之前，则可以进行直接调用，否则需要进行函数声明。

1. 函数调用的具体含义

（1）对实际参数列表中的每一个表达式求值。

（2）将表达式的值依次赋给在被调函数头部定义的形式参数变量。

（3）执行被调函数的函数体。

（4）如果有 return 语句被执行，那么控制返回到主调函数中，如果 return 语句中包含表达式，将 return 语句中表达式的值返回到主调函数。

（5）如果缺少 return 语句，那么在运行到函数体末尾时控制自动返回到主调函数。

2. 函数调用的格式

（1）无参函数的调用。对无参函数调用时则无实际参数表。实际参数表中的参数可以是常数、变量或其他构造类型数据及表达式。各实参之间用逗号分隔。

C 语言中，无参函数调用的一般形式为：

函数名();

例 7.4　无参函数的调用。

```
#include <stdio.h>
void printstar()
{
    printf("\n*************\n");
}
void main()
{
```

```
        printstar();
        printf("\n hello\n");
        printstar();
    }
```

例 7.4 程序的运行结果如图 7.3 所示。

图 7.3　例 7.4 的运行结果

（2）有参函数的调用。有参函数调用的一般形式为：

函数名(实参表达式 1,实参表达式 2,…);

关于函数调用的说明：

- 多个实参间用逗号隔开；
- 实际参数表中的参数可以是常量、变量或表达式；
- 实参与形参个数应相等，类型应一致；
- 实参与形参按顺序对应，一一传递数据。

3. 函数调用的方式

在 C 语言中，可以用以下几种方式调用函数：

（1）函数表达式。函数作为表达式中的一项出现在表达式中，以函数返回值参与表达式的运算。这种方式要求函数是有返回值的。例如：z=max(x,y)是一个赋值表达式，把 max 的返回值赋予变量 z。

（2）函数语句。函数调用的一般形式加上分号即构成函数语句。例如：printf("%d",a);和scanf("%d",&b);都是以函数语句的方式调用函数。

（3）函数实参。函数作为另一个函数调用的实际参数出现。这种情况是把该函数的返回值作为实参进行传送，因此要求该函数必须是有返回值的。例如：printf("%d",max(x,y))即把 max 调用的返回值又作为 printf()函数的实参来使用的。

4. 函数声明

在主调函数中调用某函数之前应对该被调函数进行说明（声明），这与使用变量之前要先进行变量说明是一样的。在主调函数中对被调函数作说明的目的是使编译系统知道被调函数返回值的类型，以便在主调函数中按此类型对返回值作相应的处理。

其一般形式为：

类型说明符 被调函数名(类型 形参，类型 形参…);

或为：

类型说明符 被调函数名(类型，类型…);

括号内给出了形参的类型和形参名，或只给出形参类型。这便于编译系统检错，以防止可能出现的错误。

main 函数中对 max 函数的说明为：

```
int max(int a,int b);
```

或写为：

```
int max(int, int);
```

C 语言中又规定在以下几种情况时可以省去主调函数中对被调函数的函数说明。

如果被调函数的返回值是整型或字符型时，就可以不对被调函数作说明，而直接调用。这时系统将自动对被调函数返回值按整型处理。

当被调函数的函数定义出现在主调函数之前时，在主调函数中也可以不对被调函数再作说明而直接调用。

如果在所有函数定义之前，在函数外预先说明了各个函数的类型，则在以后的各主调函数中，可不再对被调函数作说明。例如：

```
char*str(char*str);
float f(float b);
void main()
{
    ...
}
float f(float b)
{
    ...
}
```

其中第 1、2 行对 str 函数和 f 函数预先作了说明。因此在以后各函数中无须对 str 和 f 函数再作说明就可直接调用。对库函数的调用不需要再作说明，但必须把该函数的头文件用 #include 命令包含在源文件前部。

5. 函数嵌套调用

在 C 语言中不允许作嵌套的函数定义，因此各函数之间是平行的，不存在上一级函数和下一级函数的问题。但是 C 语言允许在一个函数的定义中出现对另一个函数的调用。这样就出现了函数的嵌套调用。即在被调函数中又调用其他函数。这与其他语言的子程序嵌套的情形是类似的。函数嵌套调用的执行顺序如图 7.4 所示。

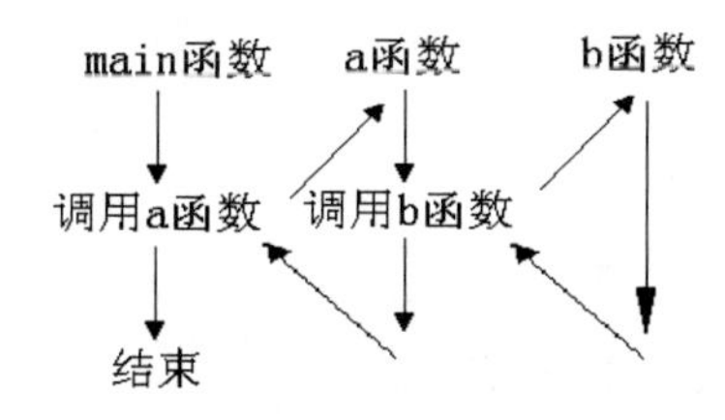

图 7.4　函数嵌套调用的执行顺序

上图表示了两层嵌套的情形，其执行过程是：

（1）执行 main()函数的开始部分；

（2）遇到函数调用语句，调用 a 函数，流程转去执行 a 函数；

（3）执行 a 函数的开始部分；

（4）遇到函数调用语句，调用 b 函数，流程转去执行 b 函数；

（5）执行 b 函数，如果再无其他嵌套的函数，则完成 b 函数的全部操作；

（6）返回到 a 函数中尚未执行的部分，直到 a 函数结束；

（7）返回 main()函数中调用 a 函数的位置；

（8）继续执行 main()函数中未被执行的部分，直到结束。

例 7.5 计算 $s = 1^3! + 2^3!$。

编程思路：可编写两个函数，一个是用来计算立方值的函数 f1，另一个是用来计算阶乘值的函数 f2。主函数先调用 f1 计算出立方值，再在 f1 中以立方值为实参，调用 f2 计算其阶乘值，然后返回 f1，再返回主函数，在循环程序中计算累加和。

```
#include <stdio.h>
long f1(int p)
{
    int k;
    long r;
    long f2(int);
    k=p*p*p;
    r=f2(k);
    return r;
}
long f2(int q)
{
    long c=1;
    int i;
    for(i=1;i<=q;i++)
        c=c*i;
    return c;
}
void main()
{
    int i;
    long s=0;
    for (i=1;i<=2;i++)
        s=s + f1(i);
    printf("\ns=%ld\n",s);
}
```

例 7.5 程序的运行结果如图 7.5 所示。

```
s=40321
```

图 7.5 例 7.5 的运行结果

在例 7.5 程序中，函数 f1 和 f2 均为长整型，都在主函数之前定义，故不必再在主函数中对 f1 和 f2 加以说明。在主程序中，执行循环程序依次把 i 值作为实参调用函数 f1 求 i^3 值。在 f1 中又发生对函数 f2 的调用，这时是把 i^3 的值作为实参去调用 f2，在 f2 中完成求 $i^3!$ 的计算。

f2 执行完毕把 c 值（即 i^3!）返回给 f1，再由 f1 返回主函数实现累加。至此，由函数的嵌套调用实现了题目的要求。由于数值很大，所以函数和一些变量的类型都说明为长整型，否则会造成计算错误。

7.2.2　函数的递归调用

一个函数在它的函数体内调用它自身称为递归调用。这种函数称为递归函数。一个函数可以在自己的函数体内直接或间接地调用自身，C 语言允许函数的递归调用。在递归调用中，主调函数又是被调函数。执行递归函数将反复调用其自身，每调用一次就进入新的一层。

例如，有函数 f 如下：

```
int f(int x)
{
    int y;
    z=f(y);
    return z;
}
```

这个函数是一个递归函数。但是运行该函数将无休止地调用其自身，这是不正确的。为了防止递归调用无终止地进行，必须在函数内有终止递归调用的手段。常用的办法是加条件判断，满足某种条件后就不再作递归调用，然后逐层返回。

下面举例说明递归调用的执行过程。

例 7.6　有五个人坐在一起，问第五个人多少岁，他说比第四个人大 3 岁。问第四个人多少岁，他说比第三个人大 3 岁。问第三个人多少岁，他说比第二个人大 3 岁。问第二个人多少岁，他说比第一个人大 3 岁。问第一个人多少岁，他说是 20 岁。问第五个人多少岁？

编程思路：利用递归的方法，递归分为递推和回推两个阶段。若想知道第五个人的岁数，必须要知道第四个人的岁数，以此类推，直到推到第一个人的岁数（20 岁）。再往回推，最后得到第五个人的岁数。假设 age(n)函数是求第 n 个人的岁数，n 为整数，n 在 1～5 之间。那么由题意可知：

```
age (5)=age(4) + 3;
age (4)=age(3) + 3;
age (3)=age(2) + 3;
age (2)=age(1) + 3;
age (1)=20;
```

可以用如下表达式进行描述：

```
age (n)=20          （n=1）
age (n)=age(n-1)+3    （n>1）
```

程序如下：

```
#include <stdio.h>
int age(int n)                /*求年龄的递归函数*/
{
    int a;                    /*a 变量用于存放函数的返回值*/
    if(n==1)
        a=20;
    else
```

```
        a=age(n-1)+3;
    return (a);
}
void main()
{
    printf("\n age(5)=%d",age(5));
}
```

例 7.6 程序的运行结果如图 7.6 所示。

```
age(5) = 32
```

图 7.6 例 7.6 的运行结果

例 7.7 用递归法计算 $n!$。

用递归法计算 $n!$ 可用下述公式表示：

$$n! = \begin{cases} 1 & n = 0.1 \\ n*(n-1)! & n > 1 \end{cases}$$

依据上述公式可编写如下程序：

```
#include <stdio.h>
long fun2(int n)
{
    long f;
    if(n<0)
    {
        printf("n<0,input error");
    }
    else if(n==0||n==1)
    {
        f=1;
    }
    else
    {
        f=fun2(n-1)* n;
    }
    return(f);
}
void main()
{
    int n;
    long y;
    printf("\ninput a inteager number:\n");
    scanf("%d",&n);
    y=fun2(n);
    printf("%d !=%ld\n",n,y);
}
```

例 7.7 程序的运行结果如图 7.7 所示。

```
input a inteager number:
7
7!=5040
```

图 7.7　例 7.7 的运行结果

程序中给出的函数 fun2 是一个递归函数。主函数调用 fun2 后即进入函数 fun2 执行，如果 n<0，n==0 或 n==1 都将结束函数的执行，否则就递归调用 fun2 函数自身。由于每次递归调用的实参为 n-1，即把 n-1 的值赋予形参 n，最后当 n-1 的值为 1 时再作递归调用，形参 n 的值也为 1，将使递归终止。然后可逐层退回。

下面举例说明该过程。设执行本程序时输入为 7，即求 7!。在主函数中的调用语句即为 y=fun2(7)，进入 fun2 函数后，由于 n=7，不等于 0 或 1，故应执行 f=fun2(n-1)*n，即 f=fun2(7-1)*7。该语句对 fun2 作递归调用即 fun2(6)。进行 6 次递归调用后，fun2 函数形参取得的值变为 1，故不再继续递归调用而开始逐层返回主调函数。fun2(1)的函数返回值为 1，fun2(2)的返回值为 1×2=2，fun2(3)的返回值为 2×3=6，fun2(4)的返回值为 6×4=24，fun2(5)的返回值为 24×5=120，fun2(6)的返回值为 120×6=720，最后返回值 fun2(7)为 720×7=5040。

小结：函数调用时参数传递形式

调用一个函数时，调用函数和被调函数之间会发生数据传递，有两种数据传递方式。一种是传值，形参和实参本身含义是具体的数据，本章前面章节的函数参数传递是值传递；另一种是传址，形参和实参可以表示地址，参看第 8 章。

随堂练习

求出如下程序的运行结果。

```
#include <stdio.h>
int fun(int a, int b)
{
    if(b == 0)
        return a;
    else
        return fun(--a, --b);
}
void main()
{
    printf("%d\n", fun(4, 2));
}
```

7.3 数组作为函数参数

数组可以作为函数的参数使用，进行数据传送。数组用作函数参数有两种形式：一种是把数组元素（下标变量）作为实参使用；另一种是把数组名作为函数的形参和实参使用。

7.3.1 使用数组元素作为函数参数

数组元素就是下标变量，它与普通变量并无区别。因此它作为函数实参使用与普通变量是完全相同的，在发生函数调用时，把作为实参的数组元素的值传送给形参，实现单向的值传送。

例 7.8 有两个数组 A、B，各有 10 个元素。将它们逐个对应相比，如果 A 数组中的元素大于 B 数组中相应的元素且数目多于 B 数组中的元素数目，则认为 A 数组大于 B 数组，并分别统计出两个数组相应元素大于、小于和等于的个数。

```
#include <stdio.h>
int large(int x,int y)
{
    int flag;
    if(x>y)
    {
        flag=1;
    }
    else if(x<y)
    {
        flag=-1;
    }
    else
    {
        flag=0;
    }
    return(flag);
}
void main()
{
    int a[10],b[10],i,n=0,m=0,k=0;
    printf("enter array a:\n");
    for (i=0;i<10;i++)
    {
        scanf("%d",&a[i]);
    }
    printf("\n");
    printf("enter array b:\n");
    for(i=0;i<10;i++)
    {
        scanf("%d",&b[i]);
    }
```

```
        printf("\n");
        for(i=0;i<10;i++)
        {
            if(large(a[i], b[i])= =1) n=n+1;
            else if(large(a[i],b[i])= =0) m=m+1;
            else k=k+1;
        }
        printf(">:%d\n=:%d\n<:%d\n",n,m,k);
        if(n>k)
            printf("a>b\n");
        else if(n<k)printf("a<b\n");
        else
            printf("a=b\n");
    }
```

例 7.8 程序的运行结果如图 7.8 所示。

```
enter array a:
12 15 34 25 -9 56 3 13 56 -78

enter array b:
56 78 90 23 1 4 6 -9 23 16

>:4
 =: 0
 <:  6
a<b
```

图 7.8　例 7.8 的运行结果

7.3.2　使用数组名作为函数参数

用数组名作函数参数与用数组元素作实参有两点不同：

（1）用数组元素作实参时，只要数组类型和函数的形参变量的类型一致，那么作为下标变量的数组元素的类型也和函数形参变量的类型是一致的。因此，并不要求函数的形参也是下标变量。换句话说，对数组元素的处理是按普通变量对待的。用数组名作函数参数时，则要求形参和相对应的实参都必须是类型相同的数组，都必须有明确的数组说明。当形参和实参二者不一致时，即会发生错误。

（2）在普通变量或下标变量作函数参数时，形参变量和实参变量是由编译系统分配的两个不同的内存单元。在函数调用时发生的值传送是把实参变量的值赋予形参变量。在用数组名作函数参数时，不是进行值的传送，即不是把实参数组的每一个元素的值都赋予形参数组的各个元素。因为实际上形参数组并不存在，编译系统不会为形参数组分配内存。那么，数据的传送是如何实现的呢？前文曾介绍过，数组名就是数组的首地址。因此在数组名作函数参数时所进行的传送只是地址的传送，也就是说把实参数组的首地址赋予形参数组名。形参数组名取得该首地址之后，也就等于有了实在的数组。实际上是形参数组和实参数组为同一数组，共同拥有一段内存空间。

图 7.9 说明了这种情形。图中设 a 为实参数组，类型为整型。a 占有以 2000 为首地址的一

块内存区，b 为形参数组。当发生函数调用时，进行地址传送，把实参数组 a 的首地址传送给形参数组 b，于是 b 也取得该地址 2000。于是 a、b 两数组共同占有以 2000 为首地址的一段连续内存单元。从图中还可以看出 a 和 b 下标相同的元素实际上也占相同的两个内存单元（整型数组每个元素占 2 字节）。例如 a[0]和 b[0]都占用 2000 和 2001 单元，当然 a[0]等于 b[0]。类推则有 a[i]等于 b[i]。

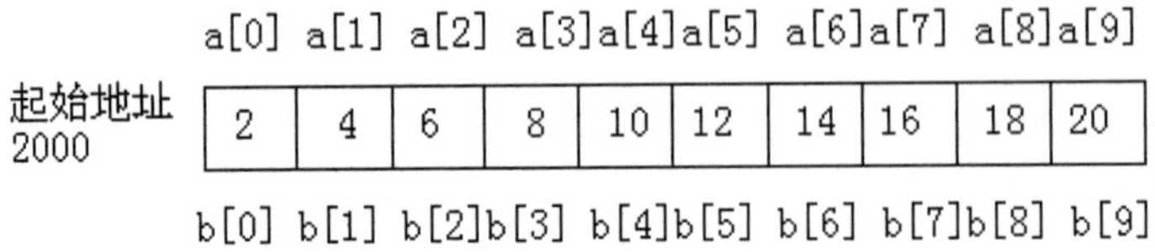

	a[0]	a[1]	a[2]	a[3]	a[4]	a[5]	a[6]	a[7]	a[8]	a[9]
起始地址 2000	2	4	6	8	10	12	14	16	18	20
	b[0]	b[1]	b[2]	b[3]	b[4]	b[5]	b[6]	b[7]	b[8]	b[9]

图 7.9　数组名作为函数参数时的传递情况

例 7.9　数组a中存放了一个学生5门课程的成绩，求该学生的总成绩。

```
#include<stdio.h>
float sfun(float a[5])
{
    int i;
    float s=a[0];
    for(i=1;i <5;i++)
    {
        s=s+a[i];
    }
    return s;
}
void main()
{
    float sco[5],sum;
    int i;
    printf("\ninput 5 scores:\n");
    for(i=0;i<5;i++)
    {
        scanf("%f",&sco[i]);
    }
    sum=sfun(sco);
    printf("sum score is%5.2f\n",sum);
}
```

例 7.9 程序的运行结果如图 7.10 所示。

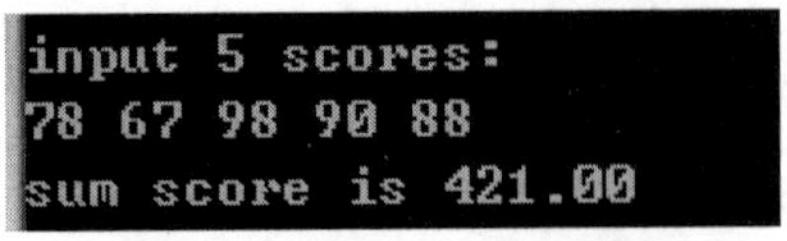

```
input 5 scores:
78 67 98 90 88
sum score is 421.00
```

图 7.10　例 7.9 的运行结果

本程序首先定义了一个实型函数 sfun，有一个形参为实型数组 a，长度为 5。在函数 sfun 中，把各元素值相加求出其和，返回给主函数。主函数 main 中首先完成数组 sco 的输入，然后以 sco 作为实参调用 sfun 函数，函数返回值送回 sum，最后输出 sum 值。从运行情况可以看出，程序实现了所要求的功能。

前面已经讨论过，在变量作函数参数时，所进行的值传送是单向的，即只能从实参传向形参，不能从形参传回实参。形参的初值和实参相同，而形参的值发生改变后，实参并不变化，两者的终值是不同的。而当用数组名作函数参数时，情况则不同。由于实际上形参和实参为同一数组，因此当形参数组发生变化时，实参数组也随之变化。当然这种情况不能理解为发生了“双向”的值传递。但从实际情况来看，调用函数之后实参数组的值将随着形参数组值的变化而变化。

小提示：使用数组名作为函数参数需要注意

用数组名作为函数参数时还应注意以下两点：

（1）形参数组和实参数组的类型必须一致，否则将引起错误。

（2）形参数组和实参数组的长度可以不相同，因为在调用时，只传送首地址而不检查形参数组的长度。当形参数组的长度与实参数组不一致时，虽不至于出现语法错误(编译能通过)，但程序执行结果将与实际不符，应予以注意的。

知识点补充

以变量名和数组名作为函数参数有如下两点不同：

（1）当实参类型为变量名时，此时要求形参的类型为变量名，此时传递方式为值传递，通过函数调用时不能改变形参的值。

（2）当实参类型为数组名时，此时要求形参的类型为数组名或指针类型（在后边章节会涉及此类型），此时传递的信息是实参数组首元素的地址，通过函数调用可以改变实参的值。

7.4　变量的作用域和存储方式

所谓变量的作用域是指在程序中的哪些语句可以使用它。通常，变量的作用域都是通过它在程序中的位置隐式说明的。在讨论函数的形式参数时已经知道，形参变量只有在被调用期间才分配内存单元，调用结束立即释放。C 语言中所有的变量都有自己的作用域。变量说明的方式不同，其作用域也不同。C 语言中的变量，按作用域范围可分为两种，即局部变量和全局变量。

7.4.1　局部变量和全局变量

1. 局部变量

局部变量也称为内部变量，它是在函数内定义说明的，其作用域仅限于函数内。有参函数的形式参数和实际参数均是局部变量。

局部变量的例子如图 7.11 所示。

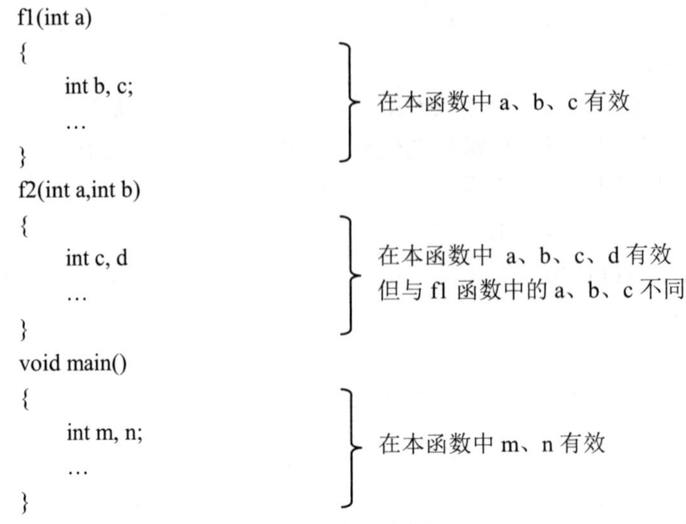

图 7.11　局部变量的例子

关于局部变量的作用域还要说明以下四点：

（1）主函数中定义的变量只能在主函数中使用，不能在其他函数中使用。同时，主函数中也不能使用其他函数中定义的变量。因为主函数也是一个函数，它与其他函数是平行关系。这一点与其他语言不同，应予以注意。

（2）形参变量是属于被调函数的局部变量，实参变量是属于主调函数的局部变量。

（3）允许在不同的函数中使用相同的变量名，它们代表不同的对象，分配不同的单元，互不干扰，也不会发生混淆。

（4）在复合语句中也可以定义变量，其作用域只在复合语句范围内。

2. 全局变量

全局变量也称为外部变量，它是在函数外部定义的变量。它不属于哪一个函数，而是属于一个源程序文件，其作用域是整个源程序。在函数中使用全局变量，一般应作全局变量说明。只有在函数内经过说明的全局变量才能使用，全局变量的说明符为 extern。全局变量的作用域是从定义全局变量的位置开始到此源程序结束为止。

例 7.10　全局变量和局部变量举例。

```
#include <stdio.h>
int a,b;                    /*全局变量定义语句*/
void fun(int m,int n)
{
    extern int a,b;         /*全局变量说明语句，表示本函数内使用全局变量，此处可省略*/
    a=m* n;
    b=m/n;
    printf("fun(a)=%d,fun(b)=%d\n",a, b);
}
void main()
{
    a=8;
    b=4;
```

```
    fun(a,b);
    printf("main(a)=%d,main(b)=%d\n",a,b);
}
```

例 7.10 程序的运行结果如图 7.12 所示。

```
fun(a)=32,fun(b)=2
main(a)=32,main(b)=2
```

图 7.12　例 7.10 的运行结果

对于全局变量进行三点说明：

（1）全局变量的定义只能在所有函数之外（包括 main 函数），而且它的定义只能有一次。

（2）一般情况下全局变量使用较少。

（3）局部变量可以和全局变量同名。

例 7.11　外部变量与局部变量同名的情况。

```
#include<stdio.h>
int a=3,b=5;                /*a、b 为外部变量*/
int max(int a,int b)        /*a、b 为局部变量*/
{
    int c;
    c=a>b?a:b;
    return(c);
}
void main()
{
    int a=8;
    printf("max is %d\n",max(a,b));
}
```

例 7.11 程序的运行结果如图 7.13 所示。

```
max is 8
```

图 7.13　例 7.11 的运行结果

小提示：外部变量与局部变量同名

在同一个源文件中，如果外部变量与局部变量同名，则在局部变量的作用范围内，外部变量被“屏蔽”，即它不起作用。

7.4.2　变量的存储类型

变量的存储方式分为静态存储和动态存储两种。

静态存储是指在程序运行期间分配固定的存储空间；动态存储是指在程序运行期间根据需要动态地分配存储空间。在 C 语言中，每个变量和函数有两个属性：数据类型和数据的存储类别。

在 C 语言中，变量的存储类型有 4 种：自动类型（auto）、静态类型（static）、寄存器类型（register）、外部类型（extern）。

不同的存储类型，在内存中存放的位置不同：auto 类型存储在内存的堆栈区中；static 类型存储在内存数据区中；register 类型存储在 CPU 的通用寄存器中；extern 类型用于多个编译单位之间数据的传递。

1. auto 变量

函数中的局部变量，如不专门声明为 static 存储类别，都是动态地分配存储空间的，数据存储在动态存储区中。函数中的形参和在函数中定义的变量（包括在复合语句中定义的变量）都属此类，在调用该函数时系统会自动给它们分配存储空间，在函数调用结束时会自动释放这些存储空间。这类局部变量称为自动变量，其用关键字 auto 作存储类别的声明。

自动变量定义的一般形式为：

```
[auto] 类型标识符    变量列表
```

例如：

```
int f(int a)                    /*定义 f 函数，a 为参数*/
{
    auto int b, c=3;            /*定义 b，c 自动变量*/
    …
}
```

a 是形参，b、c 是自动变量，对 c 赋初值 3。执行完 f 函数后，自动释放 a、b、c 所占的存储单元。

关键字 auto 可以省略，auto 不写则隐含定义为“自动存储类别”，属于动态存储方式。

2. static 变量

有时希望函数中局部变量的值在函数调用结束后不消失而保留原值，这时就应该指定局部变量为“静态局部变量”，用关键字 static 进行声明。

静态变量定义的一般形式为：

```
static 类型标识符  变量列表；
```

例 7.12 演示静态局部变量值的变化情况。

```
#include <stdio.h>
int f(int a)
{
    auto int b=3;
    static int c=5;
    b=b+2;
    c=c+2;
    return(a+b+c);
}
void main()
{
    int a=2,i;
    for(i=0;i<3;i++)
        printf("%d",f(a));
}
```

例 7.12 程序运行结果如图 7.14 所示。

图 7.14　例 7.12 的运行结果

小结：静态局部变量的使用说明

（1）静态局部变量属于静态存储类型，在静态存储区内分配存储空间，在整个程序运行期间都不释放。而自动变量属于动态类型，占用动态存储区空间，函数调用结束后即释放。

（2）静态局部变量是在编译时赋初值，即只赋初值一次，在程序运行时它已有初值，以后每次函数调用时它都拥有上次函数调用结束时的值。而对自动类型的变量，每次函数调用时都进行重新赋值。

（3）虽然静态局部变量在函数调用结束后，值依然存在，但其他函数是不能引用它的。

3. register 变量

为了提高效率，C 语言允许将局部变量的值放在 CPU 的寄存器中，这种变量叫“寄存器变量”，用关键字 register 作声明。

寄存器变量定义的一般形式为：

register 类型标识符　变量列表

例 7.13　寄存器变量值的变化情况。

```
#include <stdio.h>
int fac(int n)
{
    register int i, f=1;            /*此处变量 i、f 为寄存器变量*/
    for(i=1;i<=n;i++)
        f=f * i;
    return(f);
}
void main()
{
    int i;
    for(i=0;i<=5;i++)
        printf("%d!=%d\n",i,fac(i));
}
```

例 7.13 程序运行结果如图 7.15 所示。

图 7.15　例 7.13 的运行结果

说明：

（1）只有局部自动变量和形式参数可以作为寄存器变量。

（2）一个计算机系统中的寄存器数目有限，不能定义任意多个寄存器变量。

（3）局部静态变量不能定义为寄存器变量。

4. extern 变量

外部变量（即全局变量）是在函数的外部定义的，它的作用域是从变量定义处开始，到本程序文件的末尾。如果外部变量不在文件的开头定义，其有效的作用范围只限于定义处到文件终了。如果在定义点之前的函数想引用该外部变量，则应该在引用之前用关键字 extern 对该变量作“外部变量声明”。表示该变量是一个已经定义的外部变量。有了此声明，就可以从“声明”处起，合法地使用该外部变量。

例 7.14　用 extern 声明外部变量，扩展程序文件中的作用域。

```
#include<stdio.h>
int max(int x,int y)
{
    int z;
    z=x>y?x:y;
    return(z);
}
void main()
{
    extern A,B;                     /*此处使用 extern 说明 A、B 为全局变量*/
    printf("max(A,B)is%d\n", max(A,B));
}
int A=13,B=-8;
```

例 7.14 程序的运行结果如图 7.16 所示。

```
max(A,B)is 13
```

图 7.16　例 7.14 的运行结果

随 堂 练 习

写出下列程序的运行结果。

```
#include<stdio.h>
int a=4;
int f(int n);
{
```

```
        int t=0;
        static int a=5;
        if(a%2)
        {
            int a=6;t+=a++;
        }
        else
        {
            int a=7;t+=a++;
        }
        return t+=a++;
}
void main()
{
        int s=a;i=0;
        for(i< 2;i++)
            s+=f(i);
        printf("%d\n",s);
}
```

7.5　C 预处理器和库函数

C 程序的源代码中可包含各种编译指令，这些指令称为预处理。所谓预处理是指在进行编译的第一遍扫描（词法扫描和语法分析）之前所作的工作。预处理是 C 语言的一个重要功能，它由预处理程序负责完成。当对一个源文件进行编译时，系统将自动引用预处理程序对源程序中的预处理部分作处理，处理完毕自动进入对源程序的编译。

C 语言提供了多种预处理功能，如宏定义、文件包含、条件编译等。合理地使用预处理功能编写的程序便于阅读、修改、移植和调试，也有利于模块化程序设计。本节介绍几种的常用预处理功能。

7.5.1　宏定义 # define

在 C 程序中允许用一个标识符来表示一个字符串，称为“宏”。被定义为“宏”的标识符称为“宏名”。在编译预处理时，对程序中所有出现的“宏名”，都用宏定义中的字符串去代换，这称为“宏代换”或“宏展开”。

宏定义是由源程序中的宏定义命令完成的，宏代换是由预处理程序自动完成的。在 C 语言中，“宏”分为无参数和有参数两种，下面分别讨论这两种“宏”的定义和调用。

1. *无参宏的定义和调用*

无参宏的宏名后不带参数，其定义的一般形式为：

```
#define　标识符　字符串
```

其中“#”表示这是一条预处理命令，在 C 语言中凡是以“#”开头的均为预处理命令。define 为宏定义命令；“标识符”为定义的宏名；“字符串”可以是常数、表达式、格式串等。

在前面介绍过的符号常量的定义就是一种无参宏定义。此外，常对程序中反复使用的表达式进行宏定义。

例如：

```
#define   EX   (x * y + z)
```

它的作用是指定标识符 EX 来代替表达式(x * y + z)。在编写程序时，所有的(x * y + z)都可由 EX 代替，而对程序作编译时，将先由预处理程序进行宏代换，即用(x * y + z)表达式去置换所有的宏名 EX，然后系统再进行编译。

例 7.15 宏定义例题 1。

```
#include<stdio.h>
#define EX (x*y+z)
void main()
{
    int s,x,y,z;
    printf("input a number:");
    scanf("%d,%d,%d",&x,&y,&z);
    s=3*EX+4*EX+5*EX;
    printf("s=%d\n",s);
}
```

例 7.15 程序的运行结果如图 7.17 所示。

```
input a number:  3,4,5
s=204
```

图 7.17 例 7.15 运行结果

上例程序中首先进行宏定义，定义 EX 来替代表达式(x*y+z)，在 s=3*EX+4*EX +5*EX 中作了宏调用。在预处理时经宏展开后该语句变为：

```
s =3*(x*y +z)+4*(x*y+z)+5*(x*y+z);
```

但要注意的是，在宏定义中表达式(x*y+z)两边的括号都不能少，否则会发生错误。如当作以下定义后：

```
#difine EX x*y+z
```

在宏展开时将得到下述语句：

```
s=3*x*y+z +4*x*y+z +5*x*y+z;
```

显然与原题意要求不符，计算结果是错误的。因此在作宏定义时必须十分注意，应保证在宏代换之后不发生错误。

对于宏定义还要说明以下几点：

（1）宏定义是用宏名来表示一个字符串，在宏展开时又以该字符串取代宏名，这只是一种简单的代换。字符串中可以含任何字符，可以是常数，也可以是表达式，预处理程序对它不作任何检查。如有错误，只能在编译已被宏展开后的源程序时发现。

（2）宏定义不是说明或语句，在行末不必加分号，如加上分号则连分号也一起置换。

（3）宏定义必须写在函数之外，其作用域是从宏定义命令起到源程序结束。如要终止其作用域可使用#undef 命令。

例如：

```
#define PI 3.14159
void main()
{
    …
}
#undef PI
f1()
{
    …
}
```

表示 PI 只在 main 函数中有效，在 f1 函数中无效。

（4）宏名在源程序中若用引号括起来，则预处理程序不对其作宏代换。

例 7.16　宏定义例题 2。

```
#include <stdio.h>
#define OK 100
void main()
{
    printf("OK");
    printf("\n");
}
```

例 7.16 定义宏名 OK 表示 100，但在 printf 语句中 OK 被引号括起来，因此不作宏代换。程序的运行结果为：OK，这表示把 OK 当字符串处理。

（5）宏定义允许嵌套，在宏定义的字符串中可以使用已经定义的宏名。在宏展开时由预处理程序层层代换。

例如：

```
#define PI 3.1415926
#define S PI*y* y                    /*PI 是已定义的宏名*/
```

对语句：

```
printf("%f",S);
```

在宏代换后变为：

```
printf("%f",3.1415926*y*y);
```

（6）习惯上将宏名用大写字母表示，以便于与变量区别。

随 堂 练 习

请使用如下语句 printf("%d", 3*OK)代替例 7.16 程序中的 printf("OK")，写出代替后程序的运行结果。

2. 有参宏的定义和调用

C 语言允许宏带有参数。在宏定义中的参数称为形式参数，在宏调用中的参数称为实际参数。

对带参数的宏，在调用中不仅要宏展开，而且要用实参去代换形参。带参宏定义的一般形式为：

```
#define  宏名(形参表)  字符串
```

在字符串中含有各个形参。

带参宏调用的一般形式为：

```
宏名(实参表);
```

例如：

```
#define M(y) y*y+3*y          /*宏定义*/
k=M(5);                       /*宏调用*/
```

在宏调用时，用实参 5 去代替形参 y，经预处理宏展开后的语句为：

```
k=5*5+3*5;
```

例 7.17　宏定义例题 3。

```
#include <stdio.h>
#define MAX(a,b) (a>b)?a:b
void main()
{
    int x,y, max;
    printf("input two numbers:");
    scanf("%d%d",&x,&y);
    max=MAX(x,y);
    printf("max=%d\n",max);
}
```

例 7.17 程序的运行结果如图 7.18 所示。

```
input two numbers:  12 78
max=78
```

图 7.18　例 7.17 运行结果

上例程序的第 2 行为带参宏定义，用宏名 MAX 表示条件表达式(a＞b)?a:b，形参 a、b 均出现在条件表达式中。程序第 8 行 max=MAX(x,y);为宏调用，实参 x 和 y 将代换形参 a、b。宏展开后该语句为：

```
max=(x>y)?x:y;
```

用于计算 x,y 中的较大的一个数。

对于带参的宏定义有以下问题需要说明：

（1）在带参宏定义中，宏名和形参表之间不能有空格出现。

例如把：

```
#define MAX (a,b) (a>b)?a:b
```

写为：

```
#define MAX (a,b) (a>b)?a:b
```

将被认为是无参宏定义，宏名 MAX 代表字符串“(a,b)(a>b)?a:b”。宏展开时，宏调用语句：

```
max=MAX(x,y);
```

将变为：

```
max=(a,b)(a>b)?a:b(x,y);
```

这显然是错误的。

（2）在带参宏定义中，形式参数不分配内存单元，因此不必作类型定义。而宏调用中的实参有具体的值。要用它们去代换形参，因此必须作类型说明。这是与函数中的情况所不同的。在函数中，形参和实参是两个不同的量，各有自己的作用域，调用时要把实参值赋予形参，进行“值传递”。而在带参宏中，只是符号代换，不存在值传递的问题。

（3）在宏定义中的形参是标识符，而宏调用中的实参可以是表达式。

例 7.18　宏定义例题 4。

```
#include <stdio.h>
#define SQ(y) (y)*(y)
void main()
{
    int a, sq;
    printf("input a number:");
    scanf("%d",&a);
    sq=SQ(a+1);
    printf("sq=%d\n",s q);
}
```

例 7.18 程序的运行结果如图 7.19 所示。

```
input a number:     8
sq=81
```

图 7.19　例 7.18 的运行结果

上例程序中第 2 行为宏定义，形参为 y。程序第 8 行宏调用中实参为 a+1，是一个表达式，在宏展开时，用 a+1 代换 y，再用(y)*(y)代换 SQ，得到如下语句：

```
sq=(a +1)*(a+1);
```

这与函数调用是不同的。函数调用时要把实参表达式的值求出来再赋予形参，而宏调用中对实参表达式不作计算直接照原样代换。

小提示：带参宏调用与函数调用的区别

（1）函数调用时，先求出实参表达式的值，然后代入形参。而带参数的宏只是进行简单的替换。

（2）函数调用是在程序运行时处理的，要为形参分配临时的存储单元。而带参数的宏展开则是在编译前进行的，在展开时并不分配内存单元，不进行值的传递处理，也没有返回值的概念。

（3）对函数中的实参和形参都要定义类型，而且还要求类型一致。而宏定义则不存在类型问题。

（4）调用函数只可得到一个返回值，而用宏可以设法得到几个结果。

随堂练习

请写出如下程序运行后的结果。

```
#include<stdio.h>
#define PI 3.141593
#define CIRCLE(R,L,S,V)L=2*PI*R;S=PI&R*R;V=4.0/3.0*PI*R*R*R
void main()
{
    float r,l,s,v;
    scanf("%f",&r);
    CIRCLE(r,l,s,v);
    printf("r=%6.2f,l=%6.2f,s=%6.2f,v= %6.2f",r,l,s,v);
}
```

7.5.2 文件包含#include

文件包含是C预处理程序的另一个重要功能。文件包含命令的一般形式为：

```
#include  "文件名"
```

在前面已多次用此命令包含过库函数的头文件，例如：

```
#include "stdio.h"
#include "math.h"
```

文件包含命令的功能是把指定的文件插入到该命令行位置，并取代该命令行，从而把指定的文件和当前的源程序文件连成一个源文件。

在程序设计中，文件包含是很有用的。一个大的程序可以分为多个模块，由多个程序员分别编程。有些公用的符号常量或宏定义等可单独组成一个文件，在其他文件的开头用包含命令包含该文件即可使用。这样，可避免在每个文件开头都去书写那些公用量，从而节省了时间，并减少出错。

对文件包含命令还要说明以下几点：

（1）包含命令中的文件名可以用双引号括起来，也可以用尖括号括起来。例如以下写法都是允许的：

```
#include "stdio.h"
#include <math.h>
```

但这两种形式是有区别的：使用尖括号表示在包含文件目录中去查找（包含目录是由用户在设置环境时设置的），而不在源文件目录中去查找；使用双引号则表示首先在当前的源文件目录中查找，若未找到才到包含文件目录中去查找。用户编程时可根据自己文件所在的目录来选择某一种命令形式。

（2）一个 include 命令只能指定一个被包含文件，若有多个文件要包含，则需用多个 include 命令。

（3）文件包含允许嵌套，即在一个被包含的文件中又可以包含另一个文件。

7.5.3 库函数

由于采用了函数模块式的结构，C语言易于实现结构化程序设计。使程序的层次结构清晰，便于程序的编写、阅读、调试。在C语言中可从不同角度对函数分类。

（1）从函数定义的角度看，函数可分为库函数和用户定义函数两种。

库函数由 C 系统提供，用户无须定义，也不必在程序中作类型说明，只需在程序前包含该函数原型的头文件即可在程序中直接调用。在前面各章的例题中反复用到 printf、scanf、getchar、putchar、gets、puts、strcat 等函数均属此类。

用户定义函数是用户按需要编写的函数。对于用户自定义函数，不仅要在程序中定义函数本身，而且在主调函数模块中还必须要对该被调函数进行类型说明，然后才能使用。

（2）C 语言的函数兼有其他语言中的函数和过程两种功能，从这个角度看，又可把函数分为有返回值函数和无返回值函数两种。

有返回值函数被调用执行完后将向调用者返回一个执行结果，称为函数返回值。如数学函数即属于此类函数。由用户定义的有返回函数值函数，必须在函数定义和函数说明中明确返回值的类型。

无返回值函数用于完成某项特定的处理任务，执行完成后不向调用者返回函数值。这类函数类似于其他语言的过程。由于函数无须返回值，用户在定义此类函数时可指定它的返回值为“空类型”，空类型的说明符为 void。

（3）从主调函数和被调函数之间数据传送的角度看又可分为无参函数和有参函数两种。

无参函数在函数定义、函数说明及函数调用中均不带参数。主调函数和被调函数之间不进行参数传送。此类函数通常用来完成一组指定的功能，可以返回或不返回函数值。

有参函数也称为带参函数。在函数定义及函数说明时都有参数，称为形式参数（简称为形参）。在函数调用时也必须给出参数，称为实际参数（简称为实参）。进行函数调用时，主调函数将把实参的值传送给形参，供被调函数使用。

（4）C 语言提供了极为丰富的库函数，这些库函数又可从功能角度作以下分类。

字符类型分类函数：用于对字符按 ASCII 码分类，包括字母、数字、控制字符、分隔符和大小写字母等。

转换函数：用于字符或字符串的转换；在字符量和各类数字量（整型，实型等）之间进行转换；在大、小写字母之间进行转换。

目录路径函数：用于文件目录和路径操作。

诊断函数：用于内部错误检测。

图形函数：用于屏幕管理和各种图形功能。

输入输出函数：用于完成输入输出功能。

接口函数：用于与 DOS（Disk Operating System，磁盘操作系统）、BIOS（Basic Input Outpat System，基本输入输出系统）和硬件的接口。

字符串函数：用于字符串操作和处理。

内存管理函数：用于内存管理。

数学函数：用于数学函数计算。

日期和时间函数：用于日期和时间转换操作。

进程控制函数：用于进程管理和控制。

其他函数：用于其他各种功能。

以上各类函数不仅数量多，而且有的还需要硬件知识才会使用，因此要想全部掌握则需要一个较长的学习过程。应首先掌握一些最基本、最常用的函数，再逐步深入。

7.6 模块化程序设计概述

7.6.1 模块化程序设计思想

本章前面介绍了函数的相关知识，在此基础上，浅谈一下模块化程序设计。在设计较复杂的程序时，一般采用自顶向下的方法，将问题划分为几个部分，各个部分再进行细化，直到分解为较好解决的问题为止。模块化设计，简单地说就是程序的编写不是开始就逐条录入计算机语句和指令，而是首先用主程序、子程序、子过程等框架把软件的主要结构和流程描述出来，并定义和调试好各个框架之间的输入、输出连接关系。逐步求精的结果是得到一系列以功能块为单位的算法描述。以功能块为单位进行程序设计，实现其求解算法的方法称为模块化。模块化的目的是降低程序复杂度，使程序设计、调试和维护等操作简单化。

在 C 语言中，函数是程序的基本组成单位，因此可以方便地使用函数来作为程序的模块来实现 C 语言程序。利用函数，不仅可以实现程序的模块化，使得程序设计更加简单和直观，从而提高程序的易读性和可维护性，而且还可以把程序中经常用到的一些计算或操作编写成通用函数，以供编译者随时调用。

7.6.2 模块化程序设计原则

把复杂的问题分解为单独的模块后，称为模块化设计。一般说来，模块化设计应该遵循以下三个主要原则：

（1）模块独立。模块的独立性原则表现在模块完成独立的功能，与其他模块的联系应该尽可能得简单，各个模块具有相对的独立性。

（2）模块的规模要适当。模块的规模不能太大，也不能太小。如果模块的功能太强，可读性就会较差，若模块的功能太弱，就会有很多的接口。读者需要通过较多的程序设计来进行经验的积累。

（3）分解模块时要注意层次。在进行多层次任务分解时，要注意对问题进行抽象化。在分解初期，可以只考虑大的模块，在中期再逐步进行细化，分解成较小的模块进行设计。

7.6.3 模块化编程步骤

在 C 语言程序设计中，模块化编程可采用以下步骤进行程序设计：

（1）分析问题，明确需要解决的任务。

（2）对任务进行逐步分解和细化，分成若干个子任务，每个子任务只完成部分完整功能，并且可以通过函数来实现。

（3）确定模块（函数）之间的调用关系。

（4）优化模块之间的调用关系。

（5）在主函数中进行调用实现。

下面的程序是根据功能分解法进行模块化程序设计的例子。

例 7.19 实现下述功能，输入一个日期，计算出该日期是该年的第几天。

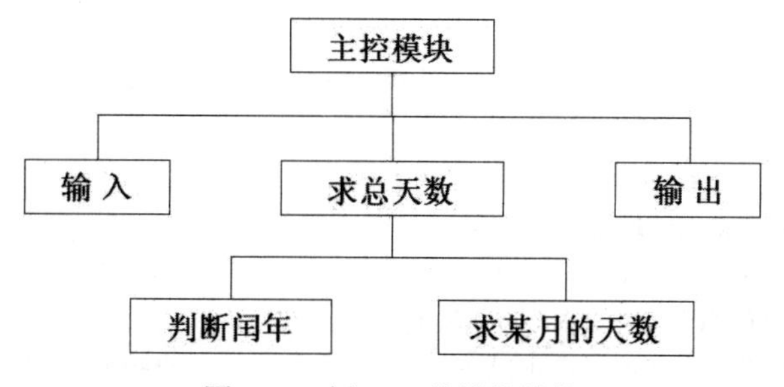

图 7.20　例 7.19 的模块结构

图 7.20 是根据问题进行分析后得出的模块化结构分解示意图。将上述分析转化为三个 C 语言函数：

（1）判断闰年：int leap(int year)

（2）求某月的天数：int month_days(int year,int month)

（3）求天数和：int days_sum(int year,int month,int day)

根据上述分析设计程序代码如下：

```
#include<stdio.h>
int leap(int year)                                          /*判断闰年*/
{
    int lp;
    lp=(year % 4 == 0 && year % 100 != 0 || year % 400 == 0) ? 1 : 0;       /*判断闰年*/
    return lp;
}
int month_days(int year,int month)                          /*计算某月的天数*/
{
    int ds,d;
     switch(month)                                          /*多分支判断 1 年的 12 个月中每个月的天数*/
     {
        case 1:
        case 3:
        case 5:
        case 7:
        case 8:
        case 10:
        case 12:d =31;break;
        case 2:d=leap(year)?29:28;break;                    /*函数调用判断闰年*/
        default:d=30;
    }
    return d;
}
int days_sum(int year,int month,int day)                    /*根据年月日输入值求天数和*/
{
    int i,ds=0;
    for (i=1;i< month;i++)                                  /*for 循环从 1 月到 month-1 月的天数之和*/
        ds=ds+month_days(year,i);                           /*函数调用*/
    ds=ds+day;                                              /*求出第 month 月第 day 日的天数之和*/
```

```
        return ds;
    }
    void main()
    {
        int year,month,day,t_day;
        printf("Input year-month-day:\n");
        scanf("%d-%d-%d",&year,&month,&day);
        t_day=days_sum(year,month,day);              /*函数调用 days_sum*/
        printf("%d-%d-%d is %dth day of the year!\n",year,month,day,t_day);
    }
```

例 7.19 程序的运行结果如图 7.21 所示。

```
Input year-month-day:
2004-5-10
2004-5-10 is 131th day of the year!
```

图 7.21　例 7.19 程序的运行结果

程序说明：

（1）判断闰年的方法主要是根据两个条件：

1）能被 4 整除，但不能被 100 整除的年份。

2）既能被 100 整除，又能被 400 整除的年份。

符合这两个条件的年份就是闰年，故 leap 表示闰年，则复合逻辑表达式 year%4==0&&year%100!=0||year%400==0 即闰年判断条件。

（2）求某月天数的函数 month_days 采用多分支判断将 12 个月中每月的天数分别加以区分，只是对于闰年 2 月有 29 天而非闰年 2 月 28 天采用闰年判断再计算天数，这样更符合题意。

（3）在 main 函数中只有 days_sum 函数调用，在 days_sum 函数定义中调用了 month_days，而在 month_days 中调用了 leap 函数，体现了函数可以嵌套调用。

（4）整个程序设计过程真实体现了函数的模块化设计。这种自顶向下的设计方法是 C 程序设计中经常运用的。

小提示：关于参数和返回值的设计原则

（1）参数要书写完整，不要省略。

（2）对函数的入口参数进行有效性检查。

（3）没有参数和返回值时，用 void 填充。

（4）每个函数只有一个入口和一个出口，尽量不使用全局变量，尽量少用静态局部变量，以避免使函数具有“记忆”功能。

7.7 小　　结

本章主要介绍了：函数的定义、调用及其参数的传递等相关知识；变量的作用域和存储类型；模块化程序设计和宏定义等。

对于函数，根据参数的有无将其分为无参函数和有参函数。对于有参函数，参数可分为形式参数和实际参数，在函数的定义和调用时，需要注意形参和实参之间数据类型和个数的一一对应。对于函数的返回值，需要和其定义时前后一致。函数的参数传递分为值传递和地址传递。值传递是指传递变量本身的值，此时被传递的变量不会发生变化(实际参数本身的值不会发生变化）。而地址传递是指传递的是某个或某些变量的地址（如数组的首地址等），当函数调用时，该地址所对应的数据发生变化，如传递的是数组首地址，那么数组相应元素的值有可能发生变化，但实际参数本身的值不会发生变化。同时在一个函数定义之前对其进行调用的话，必须有对该函数的声明。当对函数进行嵌套调用和递归调用时，注意函数的执行过程。

变量具有两个性质：数据类型和存储类型。本章讲的是变量的存储类型，变量的存储类型分为四种：自动类型、静态类型、寄存器类型和外部类型。变量的作用域指变量的生存时间。根据作用域可将变量分为局部变量和全局变量。

在宏定义中，注意无参宏定义和有参宏定义的展开和运算。库文件和其他文件的预处理功能。

7.8 习　　题

一、选择题

1．若已定义的函数有返回值，则以下关于该函数调用的叙述中错误的是（　　）。
　A．函数调用可以作为独立的语句存在
　B．函数调用可以作为一个函数的实参
　C．函数调用可以出现在表达式中
　D．函数调用可以作为一个函数的形参

2．下列叙述中正确的是（　　）。
　A．C 语言程序总是从第一个函数开始执行
　B．在 C 语言程序中，要调用函数必须在 main()函数中定义
　C．C 语言程序总是从 main()函数开始执行
　D．C 语言程序中的 main()函数必须放在程序的开始部分

3．下列叙述中正确的是（　　）。
　A．C 语言编译时不检查语法
　B．C 语言的子程序有过程和函数两种
　C．C 语言的函数可以嵌套定义
　D．C 语言的函数可以嵌套调用

4．下列叙述中不正确的是（　　）。
　A．在不同的函数中可以使用相同名字的变量
　B．函数中的形式参数是局部变量
　C．在一个函数内定义的变量只在本函数范围内有效
　D．在一个函数内的复合语句中定义的变量在本函数范围内有效

5．有如下程序：

```
long fib(int n)
{
    if(n>2)
    {
        return(fib(n-1)+fib(n-2);
    }
    else
    {
        return(2);
    }
}
void main()
{
    printf("%d\n",fib(3));
}
```

该程序的输出结果是（　　）。

A．2　　B．4　　C．6　　D．8

6．在一个 C 源程序文件中所定义的全局变量，其作用域为（　　）。

A．所在文件的全部范围

B．所在程序的全部范围

C．所在函数的全部范围

D．由具体定义位置和 extern 说明来决定范围

7．下面的函数调用语句中 func()函数的实参个数是（　　）。

```
func(f2(v1,v2),(v3,v4,v5),(v6,max(v7,v8)));
```

A．3　　B．4　　C．5　　D．8

8．在 C 语言中，函数返回值的类型最终决定于（　　）。

A．函数定义时在函数首部所说明的函数类型

B．return 语句中表达式值的类型

C．调用函数时主函数所传递的实际参数类型

D．函数定义时形式参数的类型

9．在 C 语言中，只有在使用时才占用内存单元的变量，其存储类别为（　　）。

A．auto　register　　B．extern　register

C．auto　static　　D．static　register

10．若程序中有宏定义：

```
#define MOD(x,y) x%y
```

则执行以下语句后的输出为（　　）。

```
int z,a=15,b=100;
z=MOD(b,a);
printf("%d",z++);
```

A．11　　B．10　　C．6　　D．宏定义不合法

二、填空题

1．有如下程序：

```
void fun()
{
    static int a=0;
    a += 2;
    printf("%d", a);
}
    void main()
{
    int c;
    for(c=1;c < 4; c++)
{
    fun();
}
    printf("\n");
}
```

该程序的运行结果为__________。

2．以下程序的功能是：求出能整除 x 且不是偶数的各因数，并按从小到大的顺序放在 pp 所指的数组中，这些除数的个数通过形参 n 返回。

例如，若 x 中的值为 30，则有 4 个数符合要求，它们是 1、3、5、15。请按题意完成填空。

```
#include <stdio.h>
void fun(int x, int pp[], int *n)
{
    int i, j=0;
    ________________
    for(i=1; i < x; i=i + 2)
    {
        if(x % i== 0)
        {
            pp[j++]=i;
        }
        ________________
}
void main()
{
    int x, aa[1000], n, i ;
    printf("\nPlease enter an integer number:\n ");
    scanf("%d ", &x);
    fun(x, aa, &n);
    for(i= 0 ; i < n; i++)
    {
        printf("%d ", aa[i]);
    }
    printf("\n");
}
```

3．有如下程序：

```
#include "stdio.h"
void fun(int a, int b)
{
    int t;
    t=a ;
    a=b;
    b=t;
}
void main()
{
    int c[10]={1, 2, 3, 4, 5, 6, 7, 8, 9, 0};
    int i;
    for(i=0; i < 9 ; i +=2)
    vfun(c[i], c[i+1]);
    for(i=0; i < 10; i++)
        printf("%d\n",c[i]);
}
```

该程序的运行结果为__________。

4．以下程序的功能是：通过函数 func 输入字符并统计输入字符的个数。输入时用@作为结束标志。请按题意完成填空。

```
#include "stdio.h"
void main()
{
    long n;
    n=func();
    printf("n=%ld\n", n);
}
long func()
{
    long m;
    for(m=0; getchar!='@';________);
    return m;
}
```

5．有如下程序：

```
#include "stdio.h"
#define M 5
#define N M+M
void main()
{
    int k;
    k=N * N * 5;
    printf("%d\n", k);
}
```

该程序的运行结果为__________。

三、程序设计题

1．在主函数中输入 10 个整数存入数组，编写一个函数实现对该数组元素进行从小到大排序。

2．在主函数中输入两个字符串，编写一个函数将第二个字符串连接到第一个字符串的后面，构成一个新的字符串。要求：不使用 strcat()函数。

3．从键盘输入一个数值（n），采用递归方法求出以下表达式的值：1！+2！+…+n!。

第 8 章　指　　针

在前面的章节中已经知道，每个变量在内存中都占有一定字节数的存储单元。C 编译系统在对程序编译时，根据程序中定义的变量类型，在内存中为其分配相应字节数的存储空间，变量在内存中所占存储空间的首地址，称为该变量的地址（Address），而变量在内存的存储单元里存放的数据，称为变量的内容（Content）。例如，VC++ 6.0 编译系统分给整型变量 4 个字节，使用其中第 1 个字节的地址来代表这个整型变量的地址。

这与教学楼有类似之处，教学楼内部有教室，同一个教室可以给不同的学生使用，每个教室有门牌号。教学楼相当于内存，教室相当于变量，学生相当于变量的值，教室的门牌号相当于地址。人们可以通过门牌号找到教室的位置，并找到教室里面的学生。在计算机内部，相当于通过变量的地址找到变量的位置，并找到变量的值。因此，将地址形象地称为"指针"，可以通过指针找到地址的内存单元。

变量的指针就是变量的地址，存放变量地址的变量是指针变量。即在 C 语言中，允许用一个变量来存放指针，这种变量称为指针变量。因此，一个指针变量的值就是某个变量的地址或称为某变量的指针。

假设有整型变量 a，存储整型数据 5，变量 a 的地址为 0012FF6C，这个地址（类似于门牌号）也需要存储，将 0012FF6C 存储在变量 pa 中，变量 pa 存储的内容是地址，那么变量 pa 就是指针变量。通过指针变量 pa 可以找到变量 a 的位置，也可以找到变量 a 中存储的数据，如图 8.1 所示。

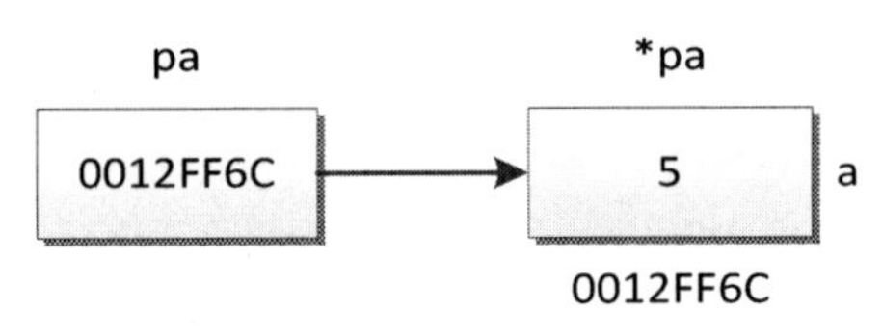

图 8.1　地址与指针变量

8.1　指 针 概 述

8.1.1　指针变量的定义

指针变量定义的一般形式为：

```
类型名 *指针变量名;
```

其中，符号"*"表示后面的变量是指针变量；类型名也称为基类型，是指针指向的变量的类型。

例如：

```
int *p1;
```

p1 是指针变量，int 表示变量 p1 指向的变量是整型，也就是说，变量 p1 的值是某个整型变量的地址，不能存储其他类型变量的地址。至于 p1 究竟指向哪一个整型变量，则由变量 p1 的初始化或赋值来决定。

再如：

```
float *p2;
double *p3;
char *p4;
```

定义了指向单精度型数据的指针变量 p2，指向双精度型数据的指针变量 p3 和指向字符型数据的指针变量 p4。

小提示：指针变量的定义

（1）在指针变量的定义中，符号“*”表示变量的类型是指针型变量，而后面的部分才是变量名。上述例子中的 p1、p2、p3、p4 是指针型变量名，而*p1、*p2、*p3、*p4 是地址指向的变量的值。

（2）对于数据类型来说，整型和字符型的存储方式相同，可以混用。但是对于指针型变量来说，整型指针变量和字符型指针变量不能混用。

（3）在指针变量中只能存放地址数据，不能使用整数，即不能将整型数据和地址的概念混淆。

8.1.2 指针的基本使用方法

1. 指针变量的赋值

（1）指针变量的初始化。与前文讲到的变量一样，指针变量在定义后，初值不确定。可以在定义变量时直接给指针变量赋初值，即定义同时初始化。例如：

```
int a=0;
int *p=&a;
```

第 1 条语句，定义整型变量 a，并且初始化为 0。第 2 条语句，定义指针变量 p，并将 p 初始化为变量 a 的地址。

小提示：指针变量的初始化

请特别注意语句“int*p=&a;”，在指针变量初始化时，变量 a 的地址在指针变量 p 中保存。这里，*p 只代表变量 p 是指针变量。

（2）通过地址运算符“&”赋值。地址运算符“&”的功能是获取变量的首地址。通过地址运算符“&”可以把一个变量的地址赋值给指针变量。例如：

```
int a=0, *p;
p=&a;
```

第 2 条语句将变量 a 的地址赋值给指针变量 p，也可以说指针变量 p 指向了变量 a。

（3）通过其他指针变量赋值。可以通过赋值运算符，将一个指针变量的地址赋值给另一个指针变量。例如：

```
int a=0;
int *p1=&a;
int *p2;
p2=p1;
```

第 4 条语句是将指针变量 p1 赋值给指针变量 p2，即将 p1 中存储的地址赋值给 p2。此时，变量 p1 和 p2 中存储的都是整型变量 a 的地址。

（4）给指针变量赋空值。C 语言中，用 NULL 表示空值，可以将 NULL 赋值给任何类型的指针变量，表示指针变量不指向任何变量。指针变量赋值为 NULL 时，称为空指针。例如：

```
int *p1;
double *p2;
p1=NULL;
p2=NULL;
```

为什么要使用空指针呢？因为如果在定义指针变量后，指针变量没有指向某个变量时，指针变量中的默认值是随机的，这时如果引用或者随意改变指针变量指向的值，可能引起其他程序的异常。

2. 引用指针变量的指向

当指针变量指向一个变量后，例如下面的语句：

```
int a=1;
int *p=&a;
```

由于指针变量 p 已经指向了整型变量 a，可以使用*p 引用整型变量 a 的值，例如：

```
printf("%d", *p);
```

该语句输出的值就是变量 a 的值 1。

另外，在指针变量 p 已经指向了整型变量 a 以后，*p 相当于变量 a，例如：

```
*p=5;
```

该语句能将整数 5 赋值给整型变量 a，这条语句相当于 a=5。

小提示：引用指针变量的指向

此处的符号“*”相当于对指针变量的一种运算，寻找指针变量指向的变量的值。

3. 引用指针变量的值

指针变量的值是一个地址，这个地址也可以输出，例如：

```
int a=1;
int *p=&a;
printf("%d\n", p);
printf("%d\n", &a);
printf("%o\n", p);
printf("%o\n", &a);
```

前两条输出语句按照十进制输出指针变量 p 的值和整型变量 a 的地址。由于指针变量 p 指向整型变量 a，即指针变量 p 的值与整型变量 a 的地址相同。后两条输出语句按照八进制输出指针变量 p 的值和整型变量 a 的地址。

例 8.1　输入两个整数 a 和 b，使用指针按照先小后大的顺序输出这两个整数。
编程思路：使用指针可以不改变变量 a 和 b 的值，只交换两个指针变量的值。

```
#include <stdio.h>
int main()
{
    int a, b, *p1, *p2, *temp;
    printf("please input two integer numbers:");
    scanf("%d,%d", &a, &b);
    p1=&a;
    p2=&b;
    if(a>b)
    {
        temp=p1;
        p1=p2;
        p2=temp;
    }
    printf("a=%d,b=%d\n", a, b);
    printf("min=%d,max=%d\n", *p1, *p2);
    return 0;
}
```

例 8.1 程序的运行结果如图 8.2 所示。输入 a=8，b=5 时，由于 a>b，将指针变量 p1 和 p2 交换。交换前各个变量之间的关系如图 8.3（a）所示。其中，指针变量 p1 存储变量 a 的地址，指针变量 p2 存储变量 b 的地址，即 p1 指向变量 a，p2 指向变量 b。交换时，将 p1 和 p2 的值交换，则指针变量 p1 存储变量 b 的地址，指针变量 p2 存储变量 a 的地址，即 p1 指向变量 b，p2 指向变量 a，交换结果如图 8.3（b）所示。另外，变量 a 和 b 的值并没有发生变化。

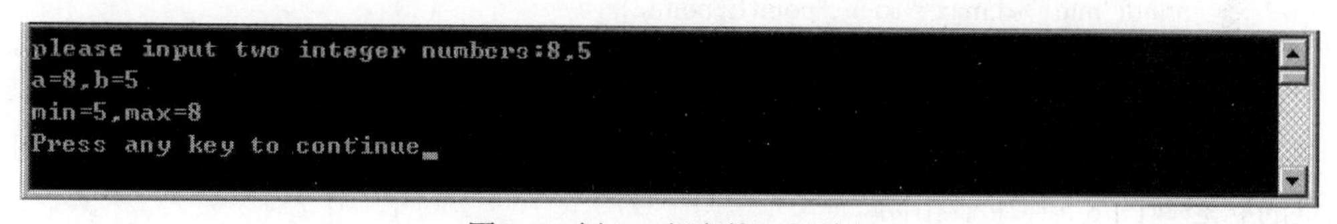

图 8.2　例 8.1 程序的运行结果

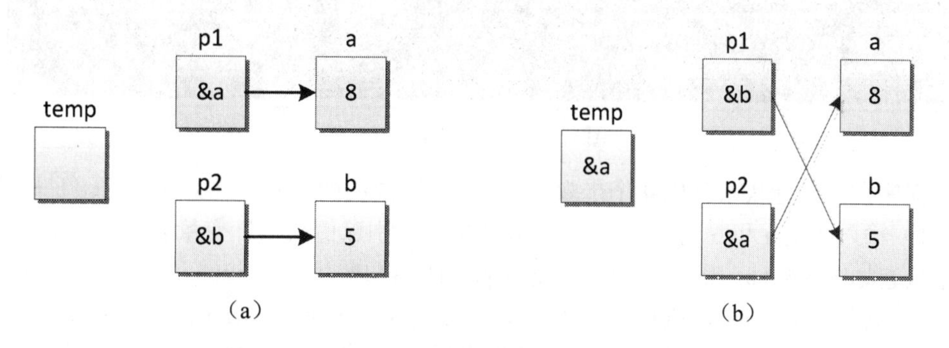

图 8.3　例 8.1 运行时变量状态

8.1.3 指针变量作为函数参数

函数参数可以是整型、浮点型、字符型等类型的数据，也可以是指针类型。指针变量作参数的功能就是将变量的地址数据传递到另一个函数中。

例 8.2 输入两个整数 a 和 b，使用指针按照先小后大的顺序输出这两个整数。要求使用函数完成交换的功能，并使用指针类型的数据作为函数参数。

编程思路：定义一个函数 swap，将指向整型变量的两个指针变量作为实参传递给函数 swap 形参的指针变量，在函数 swap 中通过指针实现地址的交换。

```
#include<stdio.h>
void swap(int*p1,int*p2)
{
    int temp;
    temp=*p1;
    *p1=*p2;
    *p2=temp;
}
int main()
{
    int a,b,*point1,*point2;
    printf("please input two integer numbers:");
    scanf("%d,%d",&a,&b);
    point1=&a;
    point2=&b;
    if(a>b)
        swap(point1,point2);
    printf("a=%d,b=%d\n", a, b);
    printf("min=%d,max=%d\n",*point1,*point2);
    return 0;
}
```

例 8.2 程序的运行结果如图 8.4 所示。例 8.2 的结果与例 8.1 相同，但是程序运行时，各个变量的状态（图 8.5）却不相同。

```
please input two integer numbers:8,5
a=5,b=8
min=5,max=8
Press any key to continue
```

图 8.4 例 8.2 程序运行结果

将程序按照运行状态分成 4 个步骤，分别与图 8.5 中的（a）、（b）、（c）、（d）相对应。

（1）输入变量 a 和 b 的值，并将 a、b 的地址分别赋值给指针变量 point1 和 point2 后，4 个变量状态如图 8.5（a）所示，即指针变量 point1 指向变量 a，指针变量 point2 指向变量 b。

（2）输入 a=8，b=5，执行 if 语句时，由于 a>b，则指向 swap 函数，将实参 point1 和 point2 值传给形参 p1 和 p2。此时，p1 的值为变量 a 的地址，p2 的值为变量 b 的地址，即指针变量 p1 和 point1 都指向变量 a，指针变量 p2 和 point2 都指向变量 b，如图 8.5（b）所示。

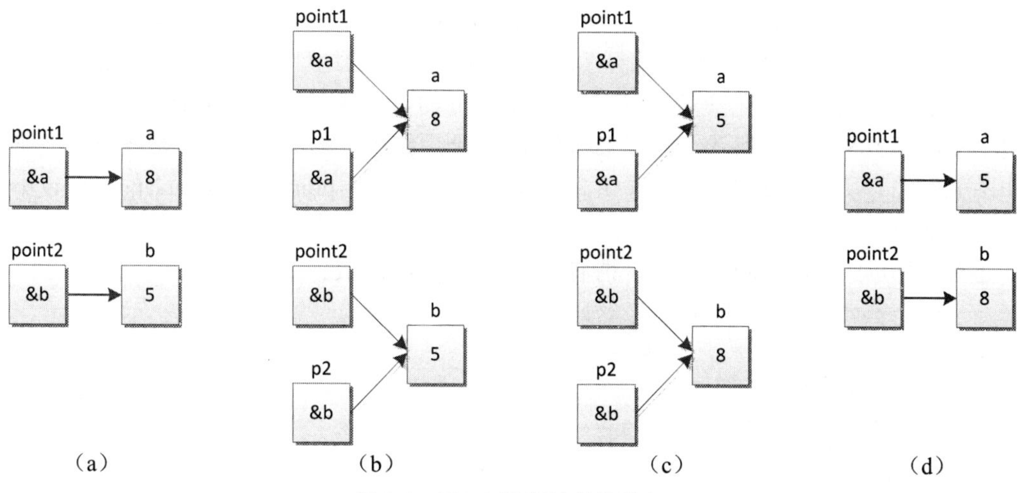

图 8.5　例 8.2 运行时变量状态

（3）执行 swap 函数，此函数利用中间变量交换*p1 和*p2 的值，而*p1 相当于变量 a，*p2 相当于变量 b，即完成了变量 a 和 b 的交换，如图 8.5（c）所示。

（4）函数调用结束后，返回到函数的被调用位置，形参 p1 和 p2 被释放，变量的状态如图 8.5（d）所示，变量 a 和变量 b 的值已经交换完毕。

在 swap 函数中，*p1 和*p2 实际上代表两个整型变量，所以使用整型变量 temp 作为中间变量完成交换。如果 swap 函数变成下面的形式，则过程和结果会怎样？

```
void swap(int *p1, int *p2)
{
    int *temp;
    temp=p1;
    p1=p2;
    p2=temp;
}
```

程序运行时，各个变量的状态如图 8.6 所示。

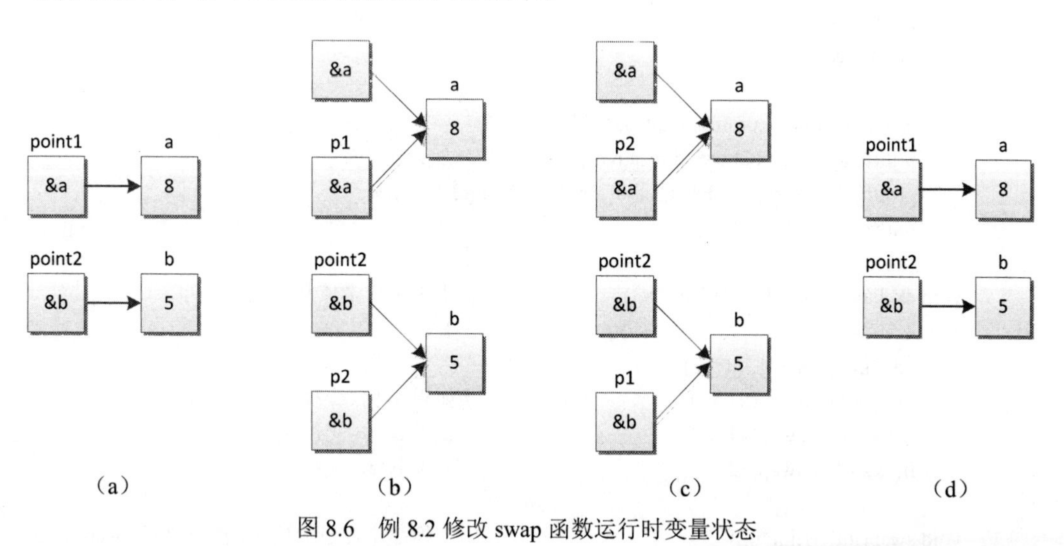

图 8.6　例 8.2 修改 swap 函数运行时变量状态

程序运行时，前两个步骤各个变量的状态均无变化，如图 8.6（a）、（b）所示。执行 swap 函数时，交换了 p1 和 p2 的值（地址），即 p1 存储变量 b 的地址，p2 存储变量 a 的地址，即 p1 指向了变量 b，p2 指向了变量 a，但是变量 a 和 b 的值不变，指针变量 point1 和 point2 的指向也不变，如图 8.6（c）所示。接下来函数 swap 调用结束，形参 p1 和 p2 被释放，变量的状态如图 8.6（d）所示，变量 a 和变量 b 的值不变，指针变量 point1 和 point2 的指向也不变，不能完成交换。

还有一种形式，后果更为严重，请看下面这个 swap 函数。

```
void swap(int *p1, int *p2)
{
    int *temp;
    *temp=*p1;
    *p1=*p2;
    *p2=*temp;
}
```

在执行时，运行到语句“*temp=*p1;”时，由于指针变量 temp 没有初始化，也没有被赋值，所以 temp 中的值是随机的，指向哪里不确定，而将*p1 的值（即变量 a 的值）赋给一个无明确位置的存储单元，程序运行到此会提示错误，但编译时只是警告，允许程序运行。

例 8.3 输入三个整数 a、b 和 c，使用指针按照先小后大的顺序输出这三个整数。要求使用函数完成交换的功能，并使用指针类型的数据作为函数参数。

编程思路：用 swap 函数实现两个整数的交换，再定义 exchange 函数，每两个整数进行比较，对于不符合题意的顺序，进行交换，完成所有比较和交换后，即完成三个整数的排序。

```
#include<stdio.h>
int main()
{
    void exchange(int*x1,int*x2,int*x3);
    int a,b,c,*point1,*point2,*point3;
    printf("please input three integer numbers:");
    scanf("%d,%d,%d",&a,&b,&c);
    point1=&a;
    point2=&b;
    point3=&c;
    exchange(point1,point2,point3);
    printf("a=%d,b=%d,c=%d\n",a,b,c);
    printf("the order is:%d,%d,%d\n",*point1,*point2,*point3);
    return 0;
}
void exchange(int*x1,int*x2,int*x3)            //将 3 个变量值从小到大排序
{
    void swap(int*p1,int*p2);
    if(*x1>*x2)swap(x1,x2);                    //如果 a>b，交换 a、b
    if(*x1>*x3)swap(x1,x3);                    //如果 a>c，交换 a、c
    if(*x2>*x3)swap(x2,x3);                    //如果 b>c，交换 b、c
}
void swap(int*p1,int*p2)                       //交换 2 个变量的值，同例 8.2 的 swap 函数
```

```
{
    int temp;
    temp=*p1;
    *p1=*p2;
    *p2=temp;
}
```

例 8.3 程序的运行结果如图 8.7 所示。swap 函数与例 8.2 中的 swap 函数相同。exchange 函数分别两两比较 a 和 b、a 和 c、b 和 c，如果前者大于后者，则两值交换。完成比较和交换后，实现三个数从小到大顺序排列。

```
please input three integer numbers:7,3,5
a=3,b=5,c=7
the order is:3,5,7
Press any key to continue
```

图 8.7　例 8.3 程序的运行结果

8.2　指针与一维数组

8.2.1　数组元素的指针

前文学习了数组与指针，指针提供操作地址的方式。因为计算机机器指令操作和管理的都是计算机的地址，指针提供了一种非常接近直接管理计算机机器表达的方式。所以，可以使用指针提高编程效率，特别是对于数组，指针提供了一种高效的处理方法。从本质上讲，数组只不过是指针的伪装使用。可以说，使用数组下标能完成的程序完全可以用指针来实现。

数组是 C 编译器分配的一组地址连续的内存单元，在这个连续的地址中，必然有起始地址，这个起始地址有两种表示方法：一种是&a[0]，用数组第 1 个元素的地址表示数组的起始地址；另一种是 a，即数组名称，用数组名称表示数组的起始地址。

例 8.4　通过指针引用数组元素。

```
#include <stdio.h>
int main()
{
    int a[N]={2,4,6,8,10};
    int*p,i;
    p=&a[0];                        //等价于 p=a;
    printf("数组 a 的首地址：");
    printf("%10p",a);               //输出数组 a 的首地址
    printf("\n");
    printf("各个元素首地址：");
    for(i=0;i<N;i++)                //此循环输出各个元素的首地址
    printf("%10p",&a[i]);
```

```
        printf("\n");                              //换行
        printf("各个元素的名称：");
        for(i=0 ;i<N ;i++)                         //此循环输出各个元素的名称
        printf("    a[%1d]    ",i);
        printf("\n");
        printf("  各个元素的值：");
        for(i=0;i<N;i++)                           //此循环输出各个元素的值
        printf("     %2d     ", a[i]);
        printf("\n");
        return 0;
    }
```

例 8.4 程序的运行结果如图 8.8 所示。首先输出数组 a 的首地址。在 3 个循环中，第 1 个循环使用十六进制数值输出各个元素的首地址，格式符 p 以十六进制格式输出地址类型的数据。由于数组 a 存储的是整型变量，整型变量在 VC++ 6.0 中占用 4 个字节，所以数组元素的首地址每个元素增加 4。第 2 个循环输出各个元素的名称。第 3 个循环输出各个元素的值。printf()函数中出现的空格的功能是控制格式对齐。另外，可以看到数组 a 的首地址和元素 a[0] 的首地址相同，即数组 a 的首地址就是第 0 号元素的首地址。

图 8.8 例 8.4 程序的运行结果

8.2.2 引用数组元素的指针运算

数组可以用下标编号表示元素的位置，那么如何使用指针表示数组元素的位置呢？这种情况需要对指针进行运算，指针变量支持哪些运算呢？

指针变量支持加（+）、减（-）、赋值（+=、-=）、加加（++）、减减（--）、指向（*）等操作，不支持乘（*）、除（/）操作。

1. 加减一个整数（包含+=、-=、++、--运算）

如果使用指针表示法，不管数组 a 存储哪种类型的变量，每次只增加 1，指针表示法中的数字表示同一数组中元素增加或者减少的个数。如果指针变量 p 指向数组中的某个元素，那么 p+1 指向同一数组的下一个元素，p-1 指向同一数组的上一个元素，p+i 指向同一数组的下 i 个元素。

指针的加减操作的数值不是指实际地址的加减，而是指元素位置或序号的加减。

例如：

```
int a[10]={2, 4, 6, 8, 10, 12, 14, 16, 18, 20};
int *p=a;
```

执行上述语句后，数组 a 的相关参数见表 8.1（假设数组 a 首地址为 1000）。

表 8.1　int 型数组 a 的相关参数

含义	元素 0	元素 1	元素 2	元素 3	元素 4	元素 5	元素 6	元素 7	元素 8	元素 9
数组元素首地址	1000	1004	1008	1012	1016	1020	1024	1028	1032	1036
数组元素	a[0]	a[1]	a[2]	a[3]	a[4]	a[5]	a[6]	a[7]	a[8]	a[9]
数组元素值	2	4	6	8	10	12	14	16	18	20
指针表示法	p	p+1	p+2	p+3	p+4	p+5	p+6	p+7	p+8	p+9
指针表示法	a	a+1	a+2	a+3	a+4	a+5	a+6	a+7	a+8	a+9

这里，数组 a 存储的是整型数据，整型数据在 VC++ 6.0 中占用 4 个字节，所以数组各个元素的首地址增加 4。

另外由于数组的名称也表示数组的首地址，即 a 也是数组 a 的首地址，所以 a+i 也表示数组中序号为 i 的元素，也就是说，p+i 与 a+i 意义相同。

再给出存储双精度浮点型（double）数据的示例。

```
double b[10]={0.0, 1.1, 2.2, 3.3, 4.4, 5.5, 6.6, 7.7, 8.8, 9.9};
double *p=b;
```

数组 b 存储的是双精度浮点型（double）数据，由于双精度浮点型（double）数据在 VC++ 6.0 中占用 8 个字节，所以数组各个元素的首地址增加 8，但是每个元素的指针表示不变，见表 8.2。

表 8.2　double 型数组 b 的相关参数

含义	元素 0	元素 1	元素 2	元素 3	元素 4	元素 5	元素 6	元素 7	元素 8	元素 9
数组元素首地址	1000	1008	1016	1024	1032	1040	1048	1056	1064	1072
数组元素	b[0]	b[1]	b[2]	b[3]	b[4]	b[5]	b[6]	b[7]	b[8]	b[9]
数组元素值	0.0	1.1	2.2	3.3	4.4	5.5	6.6	7.7	8.8	9.9
指针表示法	p	p+1	p+2	p+3	p+4	p+5	p+6	p+7	p+8	p+9

2. 两个指针相减

如果两个指针 p1 和 p2 指向同一个数组，那么 p2-p1 的结果是两个指针变量指向的数组元素的位置（序号）差。

```
int a[10]={2,4,6,8,10,12,14,16,18,20};
int *p1=&a[0],*p2=&a[3];
```

执行上述语句后，p2-p1 的值为 3。程序中，指针变量 p1 指向数组变量 a[0]，指针变量 p2 指向数组变量 a[3]，数组变量 a[3]与 a[0]相差 3 个位置（序号），所以 p2-p1 的值为 3。

注意，两个指针变量（地址）不能相加。

3. 地址的指向（*）运算

对地址进行指向运算就是找地址指向的变量的值。

例如：

```
int a[10]={2,4,6,8,10,12,14,16,18,20};
int *p=a;
```

这里，指针变量 p 指向 a[0]，那么*p 的值就是变量 a[0]存储的值 2，*(p+1)的值就是变量 a[1]存储的值 4，*(p+i)的值是变量 a[i]的值。由于指向（*）运算优先级高于加减法运算，使用括号才能保证运算正确。

p+i 与 a+i 意义相同，所以*(p+i)与*(a+i)也相同，都表示数组元素 a[i]的值。

8.2.3 指向一维数组的指针

数组元素的引用可以使用下标法和指针法，指针法可以使用的形式较多。

例 8.5 通过指针引用数组元素。

编程思路 1：使用数组名 a 表示数组首地址，通过数组名和数组元素序号表示元素地址，使用指向运算找出相应元素的值。

```
#include <stdio.h>
int main()
{
    int a[10], i;
    printf("please input 10 integer numbers:\n");
    for(i=0; i<10; i++)
        scanf("%d", a+i);                //使用数组名和数组元素序号表示元素地址
    for(i=0; i<10; i++)
        printf("%d ", *(a+i));           //使用指向运算找出的值
    printf("\n");
    return 0;
}
```

例 8.5 编程思路 1 程序的运行结果如图 8.9 所示。第 1 个循环中 a+i 是使用数组名和数组元素序号表示元素地址。第 2 个循环中*(a+i)是使用指向运算找出的值。

```
please input 10 integer numbers:
1 2 3 4 5 6 7 8 9 10
1 2 3 4 5 6 7 8 9 10
Press any key to continue
```

图 8.9 例 8.5 编程思路 1 程序的运行结果

编程思路 2：使用指针变量 p 指向数组 a，通过指针变量 p 指向的改变，分别指向每个数组元素，使用指向运算找出相应元素的值。

```
#include<stdio.h>
int main()
{
    int a[10],i;
    printf("please input 10 integer numbers:\n");
    for(i=0;i<10;i++)
        scanf("%d",a+i);                 //使用数组名和数组元素序号表示元素地址
    for(p=a;p<(a+10);p++)                //指针变量 p 每次增加 1，即指向下一个元素
        printf("%d",*p);                 //输出当前指针变量 p 指向的元素的值
    printf("\n");
    return 0;
}
```

例 8.5 编程思路 2 程序的运行结果与编程思路 1 相同。在第 2 个循环中，循环以指针变量 p 指向数组 a 的首地址开始，以指针变量 p 指向数组 a 的最后元素的首地址(a+10)结束，指针变量 p 每次增加 1，即指向下一个元素。循环体中，输出当前指针变量 p 指向的元素的值。

此处第 2 个循环也可以写成：

```
for(p=a;p<(a+10);)                    //指针变量 p 每次增加 1，即指向下一个元素
    printf("%d",*(p++));              //输出当前指针变量 p 指向的元素的值
```

例 8.5 的方法 1 与使用下标法的效率相同，方法 2 比方法 1 效率更高。

8.3　指针与二维数组

8.3.1　二维数组的地址

先来回顾二维数组，首先定义二维数组：

```
int a[3][4]={{1,2,3,4},{5,6,7,8},{9,10,11,12}};
```

数组 a 为二维数组，包含 3 行 4 列，共 12 个元素，见表 8.3。

表 8.3　二维数组 a 的相关参数

行数	指针表示	行名称	第 0 列	第 1 列	第 2 列	第 3 列
第 0 行	a	a[0]	1	2	3	4
第 1 行	a+1	a[1]	5	6	7	8
第 2 行	a+2	a[2]	9	10	11	12

假设二维数组 a 的首地址为 1000，那么各个元素的地址如图 8.10 所示。

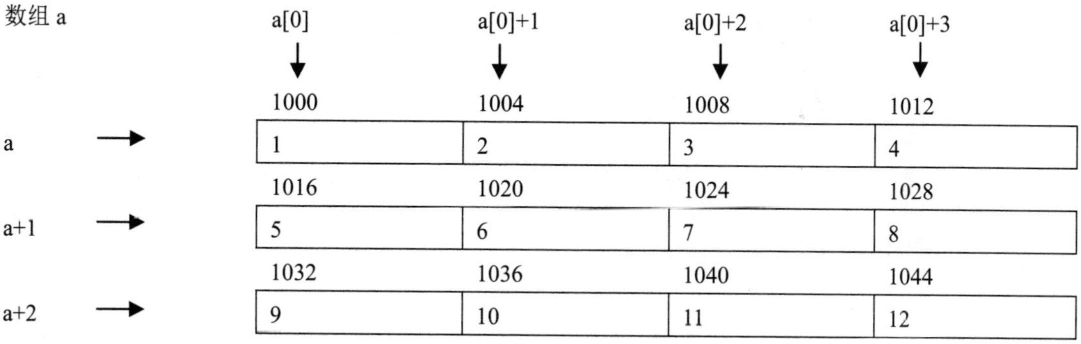

数组 a	a[0] ↓	a[0]+1 ↓	a[0]+2 ↓	a[0]+3 ↓
	1000	1004	1008	1012
a →	1	2	3	4
	1016	1020	1024	1028
a+1 →	5	6	7	8
	1032	1036	1040	1044
a+2 →	9	10	11	12

图 8.10　二维数组 a 各个元素的地址

在不使用指针时，用&a[i][j]表示第 i 行第 j 列元素的首地址。数组占用连续的存储空间，通过一个元素的首地址可以计算出其他元素的首地址。例如，&a[0][0]为第 0 行第 0 列元素，每行有 4 个元素，那么第 i 行第 j 列元素与第 0 行第 0 列元素相距 4*i+j 个位置，那么第 i 行第 j 列元素的首地址可以表示为&a[0][0]+4*i+j。

C 语言的二维数组由若干个一维数组构成，即将二维数组看作一个包含 3 个元素 a[0]、a[1]、a[2] 的一维数组，数组名 a 可以表示这个一维数组的首地址。那么，元素 a[0]、a[1]、a[2]的首地址可以表示为 a、a+1、a+2。

每个元素又是一个一维数组，均包含 4 个元素，数组 a[0]包含 a[0][0]、a[0][1]、a[0][2]、a[0][3]；数组 a[1]包含 a[1][0]、a[1][1]、a[1][2]、a[1][3]；数组 a[2]包含 a[2][0]、a[2][1]、a[2][2]、a[2][3]。a[0]、a[1]、a[2]也可以看作每一行的数组名，即 a[0]、a[1]、a[2]分别是第 0 行、第 1

行、第 2 行的首地址。那么，a+i 也可以表示第 i 行的首地址。

当使用 a[i]表示第 i 行的首地址时，a[i]+j 表示第 i 行第 j 列元素的首地址。

在一维数组中，a[i] $\Leftrightarrow$ *(a + i)，a[i]表示第 i 行的首地址，则*(a+i)也表示第 i 行的首地址，那么*(a+i)+j 也可以表示第 i 行第 j 列的元素的首地址。

二维数组地址的表示形式及含义见表 8.4。

表 8.4　二维数组地址的表示形式及含义

表示形式	含义
a	二维数组名，二维数组的首地址，第 0 行元素的首地址，第 0 行第 0 列元素的首地址
a+I，a[i]，*(a+i)	第 i 行的首地址，第 i 行第 0 列元素的首地址
&a[i][j]，　a[i]+j，*(a+i)+j	第 i 行第 j 列元素的首地址
&a[0][0]，a[0]，*(a+0)，*a	第 0 行第 0 列元素的首地址
&a[0][0]+4*i+j，a[0]+4*i+j，a[0]，*(a+0)+4*i+j，*a+4*i+j	第 i 行第 j 列元素的首地址

8.3.2　指向二维数组的指针

理解二维数组的地址后，可以使用指针指向二维数组的元素，实现对二维数组的操作。

例 8.6　通过指针引用二维数组元素。

编程思路 1：使用数组名 a 表示数组首地址，通过数组名和数组元素序号表示元素地址，使用指向运算找出相应元素的值。

```
#include <stdio.h>
int main()
{
    int a[3][4]={{1, 2, 3, 4}, {5, 6, 7, 8}, {9, 10, 11, 12}};
    int i, j;
    for(i=0; i<3; i++)
    {
        for(j=0; j<4; j++)
            printf("%3d ", *(*(a+i)+j));            //使用指向运算找出的值
        printf("\n");
    }
    return 0;
}
```

例 8.6 编程思路 1 程序的运行结果如图 8.11 所示。循环中，*(*(a+i)+j)是使用指向运算找出的值。这种运算形式与二维数组的下标形式比较接近，形式清晰，容易理解。

```
  1   2   3   4
  5   6   7   8
  9  10  11  12
Press any key to continue_
```

图 8.11　例 8.6 编程思路 1 程序运行结果

编程思路 2：使用指针变量 p 指向数组 a，因为二维数组元素的地址是按顺序排列的，通

过指针变量 p 指向的改变，分别指向每个数组元素，使用指向运算找出相应元素的值。

```
#include <stdio.h>
int main()
{
    int a[3][4]={{1,2,3,4},{5,6,7,8},{9,10,11,12}};
    int *p;
    for(p=a[0]; p<a[0]+12;p++)                //a[0]为第 0 行第 0 列元素的地址
    {
        if((p-a[0])!=0&&(p-a[0])%4==0)        //每 4 个元素换行
            printf("\n");
        printf("%3d",*p);                     //输出当前指针变量 p 指向的元素的值
    }
    return 0;
}
```

8.4　指针与字符串

字符串在 C 语言中应用很广，可以使用数组来访问，也可以使用指针来访问。

8.4.1　数组名引用方式

C 语言使用字符数组存储字符串，数组名就是字符串的首地址，可以通过数组名和格式符号“%s”输出首地址到字符'\0'的字符串。如果字符串没有结束标识'\0'，输出会出现异常结果。

例 8.7　定义一个字符数组存储字符串"this is a c program."，并输出该字符串。

```
#include<stdio.h>
int main()
{
    char str[]="this is a c program";
    printf("%s\n", str);
    return 0;
}
```

例 8.7 程序的运行结果如图 8.12 所示。在例 8.7 程序中，定义了字符数组 str，存储字符串"this is a c program."，数组名 str 就是此字符串的首地址，输出时使用格式符号“%s”，输出整个字符串。

图 8.12　例 8.7 程序的运行结果

如果程序定义数组语句改为 char str[20]="this is a c program.";”，由于字符串长度为 20，数组长度也为 20，在字符数组中，并没有字符串结束标识'\0'，使用这种输出形式，结果如图 8.13 所示。

图 8.13　例 8.7 程序异常运行结果

字符串"this is a c program."后出现的字符为不确定字符。

8.4.2 指针引用方式

使用字符指针变量指向字符串，就可以通过字符指针引用字符串。

例 8.8 利用字符指针复制字符串。

编程思路：定义两个字符数组，分别存储源字符串和目标字符串。定义两个字符指针变量分别指向这两个字符数组，通过指针变量指向的改变，实现各个字符的复制。

```
#include<stdio.h>
int main()
{
    char str1[]="this is a c program",str2[30];
    char *from, *to;
    from=str1;
    to=str2;
    while(*from)
        *to++=*from++;
    *to='\0';
    printf("str1:%s\n",str1);
    printf("str2:%s\n",str2);
    return 0;
}
```

例 8.8 程序的运行结果如图 8.14 所示。例 8.8 程序中，定义了两个字符型数组 str1 和 str2，数组 str1 中存储一个字符串，另外定义两个字符指针变量 from 和 to，分别指向数组 str1 和 str2。循环条件为*from，即数组 str1 中若有字符，则*from 值非 0，为真；数组 str1 中若有结束标识'\0'，则*from 值是 0，为假。循环体为*to++=*from++，将 str1 中的当前字符赋值到 str2 中，然后指针变量 from 和 to 分别自加 1，指向下一个字符。循环结束，即将数组 str1 中的所有字符复制到数组 str2 中。语句“*to='\0'”在数组 str2 的字符结尾添加结束标识。

图 8.14 例 8.8 程序的运行结果

例 8.9 删除字符串中的空格字符。

编程思路：定义两个指针变量 p1 和 p2，同时指向字符数组，将指针变量 p1 指向的内容作为源字符串，将指针变量 p2 指向的内容作为目标字符串（去掉空格后的字符串）。字符串中出现空格，将后面的字符向前补位。

```
#include <stdio.h>
#define N 100
int main()
{
    char str[N], *p1, *p2;
    printf("please input a string:\n");
    gets(str);
    p1=str;                    //p1 指向数组 str，作为源字符串
    p2=str;                    //p2 指向数组 str，作为目标字符串
```

```
    while(*p1)                  //访问所有字符，遇到结束标识'\0'退出循环
        if(*p1==' ')
            p1++;               //遇到空格字符，指针 p1 指向下一个元素
        else
            *p2++=*p1++;        //非空格字符，将 p1 指向的字符复制给 p2 指向的位置
                                //指针 p1 和 p2 均指向下一个元素
    *p2='\0';
    printf("%s\n", str);
    return 0;
}
```

例 8.9 程序的运行结果如图 8.15 所示。例 8.9 程序中，定义字符型数组 str，存储字符串，定义两个指针变量 p1 和 p2，同时指向字符数组，将指针变量 p1 指向的内容作为源字符串，将指针变量 p2 指向的内容作为目标字符串（去掉空格后的字符串）。循环判断每一个字符，如果字符为空格，指针变量 p1 向后移动一个元素，不进行复制；如果字符不为空格，将 p1 指向的字符复制到 p2 指向的位置，然后将 p1 和 p2 均向后移动一个元素。最后添加字符串结束标识，如图 8.15 所示。

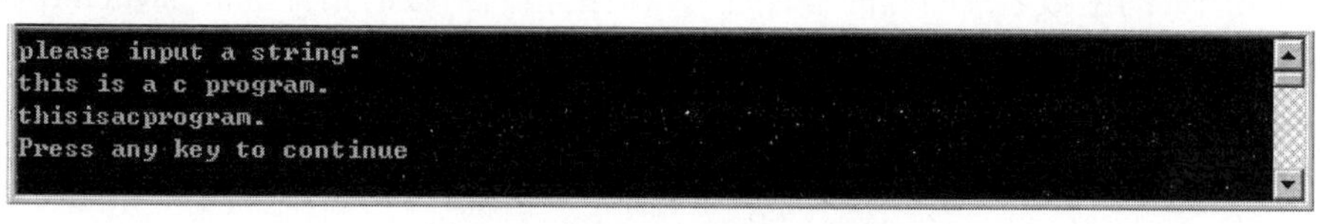

图 8.15　例 8.9 程序的运行结果

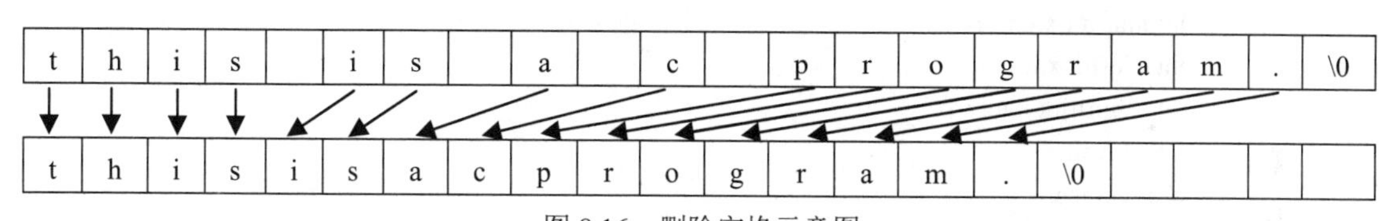

图 8.16　删除空格示意图

8.5　指向函数的指针和返回指针的函数

8.5.1　指向函数的指针

变量存储在内存单元中，通过变量名可以找到存储单元地址；数组存储在一片连续的内存单元中，数组名代表数组的首地址。同样，函数的所有指令也存储在某一段内存中，函数名代表函数的首地址，通过这个地址可以找到该函数，一般也称这个地址为函数的指针。

指向函数的指针的功能是将函数的地址作为参数传递给其他函数。

指向函数的指针一般形式如下：

```
类型名 (*函数名)(形参列表);
```

假定有函数 f1，再定义指向函数的指针如下：

```
int f1(int x);
int (*fun)(int x);
fun=f1;
```

相当于 f1 和 fun 同时指向函数 f1 的首地址，如图 8.17 所示，这样就可以使用 fun(x);的形式调用函数 f1。

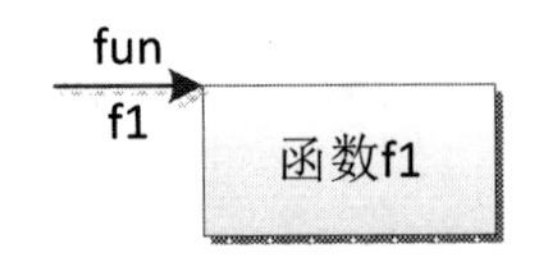

图 8.17　指向函数的指针示意

实际应用中，可能并列出现多个函数，如函数 f1、f2、f3…，通过选择结构，选择不同的函数名（函数首地址或函数的指针）赋值给指向函数的指针 fun，选择结构结束后，统一调用函数 fun 即可。

例 8.10　已知两个整数，通过菜单 A、B、C 选择不同的功能：选择 A，求最大值；选择 B，求最小值；选择 C，求和。

编程思路：选择菜单使用 switch 结构实现，选择不同选项就意味着使用不同函数。首先定义相应的功能函数 max、min 和 add，然后定义指向函数的指针(*fun)。本题考虑选择某个选项，就将相应函数的函数名（函数的首地址）赋值给指向函数的指针 fun。switch 结构结束时，指针 fun 指向某个函数（max、min 或 add），调用函数 fun 即可。

```
#include <stdio.h>
int main()
{
    int max(int x,int y);
    int min(int x,int y);
    int add(int x,int y);
    int (*fun)(int x,int y);
    int a,b,value;
    char choice;
    printf("A 求最大值\n");
    printf("B  求最小值\n");
    printf("C 求和\n");
    printf("please choice A, B or C:\n");
    scanf("%c",&choice);
    switch(choice)
    {
        case 'A':fun=max;break;
        case 'B':fun=min;break;
        case 'C':fun=add;break;
        default:printf("the choice is error.\n");
    }
    printf("please input two integer numbers:\n");
    scanf("%d%d",&a,&b);
    value=fun(a,b);
    printf("%d\n",value);
    return 0;
}
```

```
int max(int x, int y)
{
    return x>=y?x:y;
}
int min(int x,int y)
{
    return x<=y?x:y;
}
int add(int x,int y)
{
    return x+y;
}
```

例 8.10 程序的运行结果如图 8.18 所示。例 8.10 程序中，首先定义求最大值函数 max、求最小值函数 min 和求和函数 add，并定义指向函数的指针*fun。switch 结构通过 choice 变量作为选项选择 A、B 和 C，选择 A、B 或 C 时，分别将相应功能的函数名 max、min 或 add 赋值给指向函数的指针 fun，如图 8.19 所示。switch 结构结束时，指针*fun 会指向 max、min 或 add 函数的首地址，统一调用 fun(a, b)即可完成相应功能。

图 8.18　例 8.10 程序的运行结果

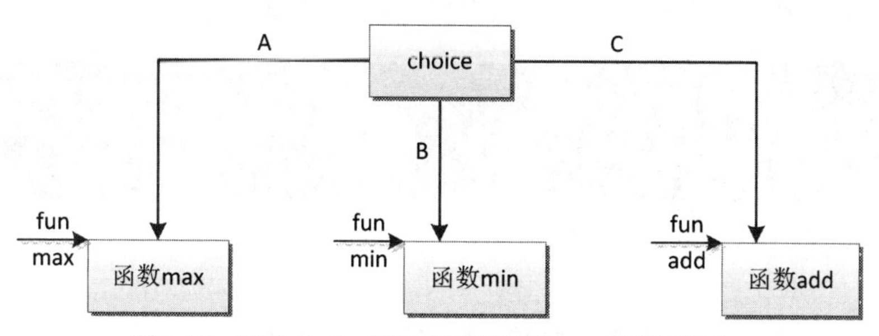

图 8.19　通过 choice 值完成函数指针*fun 的不同指向

8.5.2　返回指针的函数

函数的返回值可以是整型、浮点型、字符型等，也可以是这些类型的指针变量，即返回值是一个地址。

返回指针的函数的一般格式如下：

类型名 *函数名(形参列表);

例如：

```
int *fun(int x, int y)
```

```
{
    return 地址类型表达式;
}
```

函数 fun 是一个函数，这个函数的返回值是指向整型的指针，即 return 语句返回指针变量或者地址。

例 8.11 用返回指针的函数实现求两个整数中的最大值。

```
#include <stdio.h>
int main()
{
    int *max(int *x, int *y);
    int a, b, *p;
    scanf("%d%d", &a, &b);
    p=max(&a, &b);
    printf("max=%d\n", *p);
    return 0;
}
int *max(int *x, int *y)
{
    if(*x>=*y)
        return x;
    else
        return y;
}
```

例 8.11 程序的运行结果如图 8.20 所示。例 8.11 程序的主函数中，将变量 a 和 b 的地址作为实参，传递给 max 函数的形参 x 和 y。在 max 函数中，比较指针变量 x 和 y 所指向的变量（a 和 b）的值，如果*x 大于*y，就返回 x，即变量 a 的地址；否则，就返回 y，即变量 b 的地址。回到主函数中，将这个地址赋值给指针变量 p，则*p 就是两个数中比较大的数。

图 8.20 例 8.11 程序的运行结果

8.6 指针数组与多级指针

8.6.1 指针数组的定义和引用

如果一个数组中每个元素均为指针类型的数据，则称该数组为指针数组，即指针数组的每个元素均存储一个地址，也就是指针变量。指针数组定义的一般格式如下：

```
数据类型 *数组名[常量表达式];
```

例如：

```
char *nation[4]={"China","England","Germany","Russia"};
```

语句定义了 4 个字符型指针变量 nation[0]、nation[1]、nation[2]、nation[3]，分别指向字符串"China"、"England"、"Germany"、"Russia"的首地址，如图 8.21 所示。

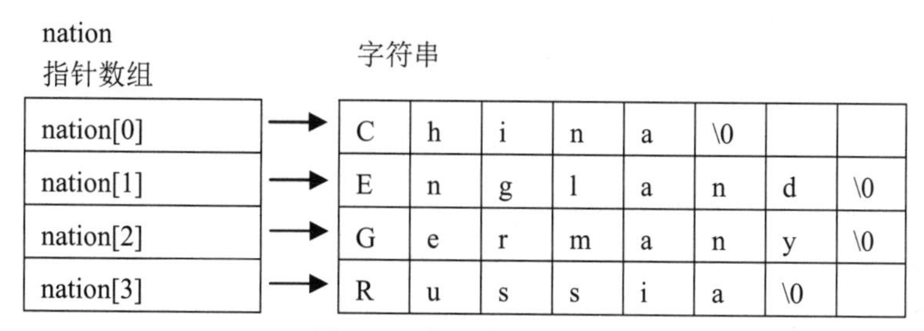

图 8.21　指针数组示意图

例 8.12　使用指针数组存储和输出多个字符串。

```
#include <stdio.h>
#define N 4
int main()
{
    char *nation[N]={"China","England","Germany","Russia"};
    int i;
    for(i=0;i<N;i++)
        printf("%s\n", nation[i]);
    return 0;
}
```

例 8.12 程序运行结果如图 8.22 所示。由于字符型指针变量 nation[0]、nation[1]、nation[2]、nation[3]，分别指向字符串"China"、"England"、"Germany"、"Russia"的首地址，那么只需要以格式符"%s"输出即可。

图 8.22　例 8.12 程序运行结果

8.6.2　多级指针

一个指针变量也有存储地址，这个存储地址也需要保存，如果将这个地址保存在某一个变量中，这个变量就称为多级指针变量。例如：

```
int a=5;
int *pa=&a;
int **ppa=&pa;
```

执行以上语句后，各个变量在内存单元中的状态如图 8.23 所示。二级指针变量的定义需要在一级指针前再加符号"*"，**ppa 相当于*(*ppa)。指针变量 pa 指向整型变量 a，则*pa 就是变量 a 存储的值 5；指针变量 ppa 指向指针变量 pa，则*ppa 就是变量 pa 存储的值 0012FF6C，那么*(*ppa)就是地址 0012FF6C 指向的变量的值，就是变量 a 存储的值 5。

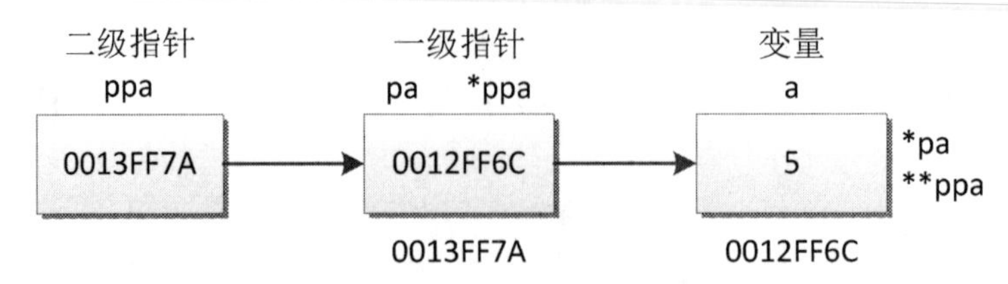

图 8.23 多级指针示意图

例 8.13 使用多级指针输出多个字符串。

```
#include <stdio.h>
#define N 4
int main()
{
    char *nation[N]={"China","England","Germany","Russia"};
    char **p;
    int i;
    for(i=0;i<N;i++)
    {
        p=nation+i;
        printf("%s\n",*p);
    }
    return 0;
}
```

例 8.13 程序的运行结果如图 8.24 所示。例 8.13 程序中，定义了指针数组和指向的字符串，并定义了二级指针变量 p。数组 nation 是指针数组，每个元素存储指针变量，nation 是数组名，代表数组 nation 的首地址，则 nation+i 就是表示 nation[i]元素的首地址。在循环中，将 nation+i 赋值给二级指针变量 p，相当于将 nation[i]的首地址赋值给二级指针变量 p，那么，*p 就可以存放 nation[i]的值，即第 i 个字符串的首地址。使用格式符“%s”输出*p 就可以输出当前字符串。

图 8.24 例 8.13 程序的运行结果

8.7 小 结

本章主要介绍了 C 语言指针的内涵以及指针和地址的相互关系并进行了分析；还对取地址运算符“&”和间接运算符“*”进行了分析和详细程序实例分析。

变量和指针变量从本质上是相通的，二者仅仅存储内容不同，前者存储的是不同类型的数据如整数、字符以及浮点数，后者存储的是一个存储单元地址。指针变量所占的存储单元都是双字节，根据指针变量定义时限定的类型不同，不同类型的指针变量管理不同字节的存储单元。

8.8 习　　题

1．下面程序将输出什么？

```
#include <stdio.h>
int main(void)
{
    int ref[] = {8, 4, 0, 2};
    int *ptr;
    int index;
    for (index = 0, ptr = ref; index < 4; index++, ptr++)
        printf("%d %d\n", ref[index], *ptr);
    return 0;
}
```

2．在 1 题中，数组 ref 包含哪些元素？

3．在 1 题中，ref 和 ref+1 是哪些数据的地址？++ref 指向什么？

4．下面每种情况中的*ptr 和*(ptr+2)的值分别是什么？

（1）

```
int *ptr;
int torf[2][2] = {12, 14, 16};
ptr = torf[0];
```

（2）

```
int * ptr;
int fort[2][2] = { {12}, {14,16} };
ptr = fort[0];
```

5．若要利用下面的程序片段使指针变量 p 指向一个存储整形变量的存储单元，则空格中应填入的内容是什么？

```
int *p;
p =__________malloc(sizeof(int));
```

6．包含 10 个元素数组的索引（下标）范围是什么？

7．用筛选法求 100 之内的素数。

8．用选择法对 10 个数排序。

9．有 10 个学生，每个学生的数据包括学号、姓名、3 门课的成绩，从键盘输入 10 个学生的数据，要求输出 3 门课的总平均成绩，以及最高分的学生的数据（包括学号、姓名、3 门课成绩）。

第 9 章　结构体与共用体

9.1 结　构　体

之前所学的变量都是单一类型的变量，而现实生活中的很多数据都不是单一类型数据所能表述的，例如表 9.1 中的学生成绩。

表 9.1　学生成绩

学号	姓名	语文	数学	英语	平均成绩	总成绩
0211090301	李群	78	89	83	83	250
0211090302	王明	89	74	71	78	234
0211090303	周聪	67	67	66	67	200
0211090304	张萌	90	92	93	92	275

表中每一行表示一个学生的相关成绩信息，又称为一条记录，在进行信息处理时，通常都是以一条记录为单位进行的，而每一条记录中的信息数据既有整型数据，也有字符型数据，如果使用原来学习的方法，是无法将同一个人的数据放在一个对象中进行处理的。

C 语言提供了将几种不同类型数据组合到一起的方法，用于解决这样的问题，这就是结构体（structure）类型。结构体是一种复合数据类型，它允许用其他数据类型构成一个结构类型，而一个结构类型变量内的所有数据可以作为一个整体进行处理。

9.1.1　定义结构体

同数组类似，一个结构体也是若干数据项的集合，但与数组不同，数组中的所有元素都是同一类型的，而结构体中的数据项可以是不同类型的，可以称这些数据项为“成员”。结构体是由若干“成员”组成的，每一个成员可以是一个基本数据类型或者又是一个构造类型。结构体既然是一种“构造”而成的数据类型，那么在说明和使用之前必须先定义它，也就是构造它，如同在说明和调用函数之前要先定义函数一样。

定义一个结构体的一般形式如下：

```
struct 结构体名
{
    /* 成员表 */
    类型 成员变量名 1;
    类型 成员变量名 2;
    类型 成员变量名 3;
    …
};
```

其中 struct 是定义结构体的关键字；结构体名是此结构体的名字，此后可利用此结构体类型来定义相应的结构体变量；成员（也称为域或分量）表部分是由一系列的变量定义组成的。

例如，有关学生的结构体类型可定义如下：

```
struct student
{
    int num;
    char name[20];
    char sex;
    float score;
};
```

在这个结构体定义中，结构体名为 student，该结构由 4 个成员组成。第一个成员为 num，整型变量；第二个成员为 name，字符数组；第三个成员为 sex，字符变量；第四个成员为 score，浮点型变量。应注意在花括号后的分号是不可少的。在结构体定义之后，即可进行变量说明。凡说明为结构体 student 的变量都由上述 4 个成员组成。由此可见， 结构体是一种复杂的数据类型，是数目固定、类型不同的若干有序变量的集合。

9.1.2　定义结构体变量

1. 先定义结构体类型，再定义结构体变量

结构体类型定义的形式如下：

```
struct  结构体名
{
    成员表;
};
struct  结构体名  变量名 1,变量名 2,…;
```

例如，有关日期的结构体类型可以定义如下：

```
struct data
{
    int year;
    int month;
    int day;
};
struct data birthday;
```

struct data 型结构体中包含 3 个成员，它们分别是 year、month 和 day，都是整型变量。定义的 birthday 是 struct data 型结构体变量。同其他类型的变量定义一样，在同一个结构体说明符下，可以同时定义多个同类型的结构体变量，变量之间用逗号隔开。

小提示：结构体变量定义

（1）结构体是一个数据类型，与 int 、float 一样，都是数据类型，数据类型本身不能获值，只不过结构体类型是一个构造数据类型，与数组类似。

（2）结构体类型的定义只说明了结构的组织形式，它本身并不占用存储空间，只有定义了结构体变量时，才占用存储空间。一个结构体变量所占的存储空间，是各个成员所占空间之和。

2. 在定义结构体类型的同时定义结构体变量

这种形式的结构体定义方式如下：

```
struct  结构体名
{
    成员表;
}变量名表列;
```

例如：

```
struct data
{
    int year;
    int month;
    int day;
} birthday, workday;
```

3. 直接定义结构体变量

这种形式的结构体定义方式如下：

```
struct
{
    成员表;
}变量名表列;
```

例如，有关日期的结构体类型可以定义如下：

```
struct
{
    int year;
    int month;
    int day;
}birthday;
```

成员也可以是一个结构体，即构成嵌套的结构体，例如：

```
struct date
{
    int month;
    int day;
    int year;
};
struct
{
    int num;
    char name[20];
    char sex;
    struct date birthday;
    float score;
}student1,student2;
```

首先定义一个结构 date，由 month、day、year 三个成员组成。在定义并说明变量 student1 和 student2 时，其中的成员 birthday 被说明为 date 结构类型。成员名可与程序中其他变量同名，互不干扰。student1 和 student2 的长度都是：4+20+1+12+4=41。

9.1.3　结构体变量的引用、赋值和初始化

1. 结构体变量的引用

对结构体变量的使用是通过对其每个成员的引用来实现的。表示结构体变量成员的一般形式是：

结构变量名.成员名

其中“.”是结构体成员运算符，它在所有运算符中优先级最高，因此上述引用结构体成员的写法可以作为一个整体来看待。

例如：

```
student1.num            //第一个人的学号
student2.sex            //第二个人的性别
```

如果成员本身又是一个结构体则必须逐级找到最低级的成员才能使用。

例如：

```
student1.birthday.month
```

即第一个人出生的月份成员可以在程序中单独使用，与普通变量完全相同。

2. 结构体变量的赋值

结构体变量的赋值就是给各成员赋值，可用输入语句或赋值语句来完成。

例 9.1　结构体程序举例 1。

```
#include <stdio.h>
void main()
{
    struct student
    {
        int num;
        char *name;
        char sex;
        float score;
    } student1,student2;
    student1.num=102;
    student1.name="Zhang ping";
    printf("输入性别和成绩\n");
    scanf("%c%f",&student1.sex,&student1.score);
    student2=student1;
    printf("学号=%d\n 姓名=%s\n",student2.num,student2.name);
    printf("性别=%c\n 分数=%f\n",student2.sex,student2.score);
}
```

例 9.1 程序的运行结果如图 9.1 所示。

```
输入性别和成绩
M
85
学号=102
姓名=Zhang ping
性别=M
分数=85.000000
Press any key to continue
```

图 9.1　例 9.1 程序的运行结果

本程序中用赋值语句给 num 和 name 两个成员赋值，name 是一个字符串指针变量。用 scanf()函数动态输入 sex 和 score 成员值，然后把 student1 所有成员的值整体赋予 student2。最后分别输出 student2 的各个成员值。本例表示了结构体变量的赋值、输入和输出的方法。

小提示：结构体变量引用

（1）不能将一个结构体变量作为一个整体进行输入和输出，只能对结构体变量中的各个成员分别进行输入和输出；结构体变量中的各个成员等价于普通变量。

（2）“.” 是成员运算符，它在所有运算符中优先级最高。

（3）结构体变量的成员可以进行各种运算。

3．结构体变量的初始化

和其他类型变量一样，对结构体变量可以在定义时进行初始化赋值。

对结构体变量初始化的方法是将结构体变量中各成员的初始化值按顺序列在一对花括号中，各初始值之间用逗号隔开，如：

```
struct student
{
    int num;
    char name[20];
    char sex;
    char addr[20];
} a={89031, "Li Lin", "M", "405 ChongQing Road"};
```

注意：不能在结构体内赋初值，即不能对结构体类型初始化。

例 9.2 结构体程序举例 2。

```
#include <stdio.h>
void main()
{
    struct student      /*定义结构*/
    {
        int num;
        char name[20];
        char sex;
        float score;
    }stu2,stu1={102, "Zhang ping",'M',78.5};
    stu2=stu1;
    printf("学号=%d\n 姓名=%s\n",stu2.num,stu2.name);
    printf("性别=%c\n 分数=%f\n",stu2.sex,stu2.score);
}
```

例 9.2 程序的运行结果如图 9.2 所示。

```
学号=102
姓名=Zhang ping
性别=M
分数=78.500000
Press any key to continue_
```

图 9.2 例 9.2 程序的运行结果

9.1.4　结构体数组

在 C 语言中，结构体可以和数组结合使用，这主要包括两方面内容：一是结构体成员可以是数组（如上例中的姓名 name）；二是数组可以说明为某种结构体类型，也就是数组元素也可以是结构体类型的，因此可以构成结构体数组。结构体数组的每一个元素都是具有相同结构体类型的下标结构体变量。在实际应用中，经常用结构体数组来表示具有相同数据结构的一个群体。如一个班的学生档案，一个车间职工的工资表等。

定义方法和结构体变量相似，只需说明它为数组类型即可，例如：

```
struct student
{
    int num;
    char name[20];
    char sex;
    char addr[20];
};
struct student stu[3];
```

定义了一个结构体数组 stu，它共有 3 个元素 stu[0]～stu[2]。每个数组元素都具有 struct student 的结构体形式。对结构体数组可以作初始化赋值，例如：

```
struct student
{
    int num;
    char name[20];
    char sex;
    char addr[20];
}stu[3]={{101,"Li ping","M",45},
        {102,"Zhang ping","M",62.5},
        {103,"He fang","F",92.5}};
```

当对全部元素作初始化赋值时，也可不给出数组长度。

例 9.3　计算学生的平均成绩和不及格的人数。

```
#include <stdio.h>
struct student
{
    int num;
    char *name;
    char sex;
    float score;
}stu[3]={{101,"Li ping",'M', 45},
        {102,"Zhang ping",'M',62.5},
        {103,"He fang",'F',92.5},};
void main()
{
    int i,c=0;
    float ave,s=0;
    for(i=0;i<3;i++)
```

```
    {
        s += stu[i].score;
        if(stu[i].score<60) c+=1;
    }
    printf("s=%f\n",s);
    ave=s/3;
    printf("average=%f\ncount=%d\n",ave,c);
}
```

例 9.3 程序的运行结果如图 9.3 所示。

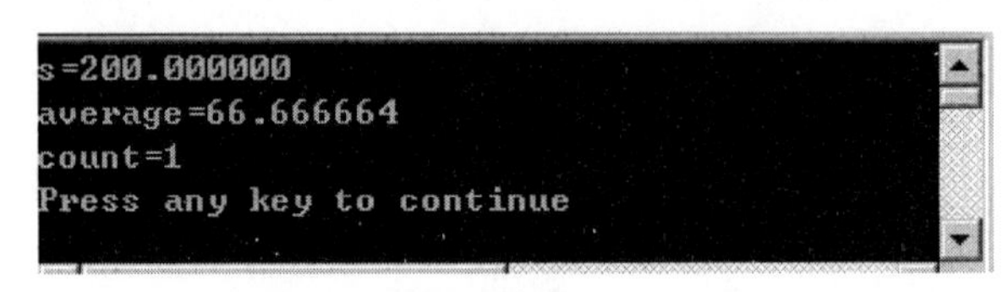

图 9.3　例 9.3 程序的运行结果

本例程序中定义了一个外部结构体数组 stu，共 3 个元素，并作了初始化赋值。在 main 函数中用 for 语句逐个累加各元素的 score 成员值并存于 s 之中，如 score 的值小于 60（不及格）则计数器 c 加 1，循环完毕后计算平均成绩，并输出学生总、平成绩以及不及格人数。

随堂练习

定义一个结构体变量（包括年、月、日）。计算该日在本年中是第几天，注意闰年问题。

9.1.5　结构体和指针

在 C 语言中，结构体和指针可以结合使用，这主要包括两方面内容：一是结构体中的成员可以是指针；二是指针也可以指向某种结构体类型的变量。

1. 结构体中包含指针

在 C 语言中，结构体的成员可以是指针类型，如：

```
struct test
{
    int data;
    int *p;
};
```

此结构体类型的定义中，其第一个成员是整型变量 data，第二个成员是指向整型变量的指针 p。对于这种结构体中包含的指针，在利用其进行间接访问之前，也必须使其首先指向确定的变量，即把某整型变量的地址赋给 p，然后才能通过 p 来间接存取其所指向的变量。

2. 指向结构体的指针

当一个指针变量用来指向一个结构体变量时，称之为结构体指针变量。结构体指针变量中的值是所指向的结构体变量的首地址。通过结构体指针即可访问该结构体变量，这与数组指针和函数指针的情况是相同的。一个结构体变量所占用的内存单元的起始地址（即首地址）就是该结构体变量的指针。要想获得一个结构体变量的指针，也必须使用取地址运算符“&”。

结构体指针变量说明的一般形式为：

struct 结构体名 *结构体指针变量名

例如，在前面的例题中定义了 student 这个结构，如要说明一个指向 student 的指针变量 pstu，可写为：

```
struct student *pstu;
```

当然也可在定义 student 结构时，同时说明 pstu。与前面讨论的各类指针变量相同，结构体指针变量也必须要先赋值后才能使用。

赋值是把结构体变量的首地址赋予该指针变量，不能把结构体名赋予该指针变量。如果 stu 是被说明为 student 类型的结构体变量，则

```
pstu=&stu
```

是正确的，它是将 stu 结构体变量的地址赋给 pstu，而

```
pstu=&student
```

是错误的。

结构体名和结构体变量是两个不同的概念，不能混淆。结构体名只能表示一个结构体形式，编译系统并不对它分配内存空间。只有当某变量被说明为这种类型的结构体时，才对该变量分配存储空间。因此上面&student 这种写法是错误的，不可能去取一个结构体名的首地址。有了结构体指针变量，就能更方便地访问结构体变量的各个成员。

其访问的一般形式为：

(*结构体指针变量).成员名

或为：

结构体指针变量->成员名

例如，为了将 101 赋给 stu 变量中的 num 成员，可以使用如下语句：

```
(*pstu).num=101;
```

它表示将 101 赋给由 pstu 指针变量所指向的结构体变量中的 num 成员。由于运算符“.”的优先级高于运算符“*”，所以上述语句中的圆括号不能省略。

为了使用方便和直观，通常使用指向结构体成员运算符“->”来访问结构体的成员，例如：

```
pstu->num=101;
```

例 9.4　结构体指针变量的具体说明和使用方法。

```
#include<stdio.h>
struct student
{
    int num;
    char *name;
    char sex;
    float score;
} stu={102,"Zhang ping",'M',78.5},*pstu;
void main()
{
    pstu=&stu;
    printf("Number=%d\nName=%s\n",stu.num,stu.name);
    printf("Sex=%c\nScore=%f\n\n",stu.sex,stu.score);
```

```
    printf("Number=%d\nName=%s\n",(*pstu).num,(*pstu).name);
    printf("Sex=%c\nScore=%f\n\n",(*pstu).sex,(*pstu).score);
    printf("Number=%d\nName=%s\n",pstu->num,pstu->name);
    printf("Sex=%c\nScore=%f\n\n",pstu->sex,pstu->score);
}
```

例 9.4 程序的运行结果如图 9.4 所示。

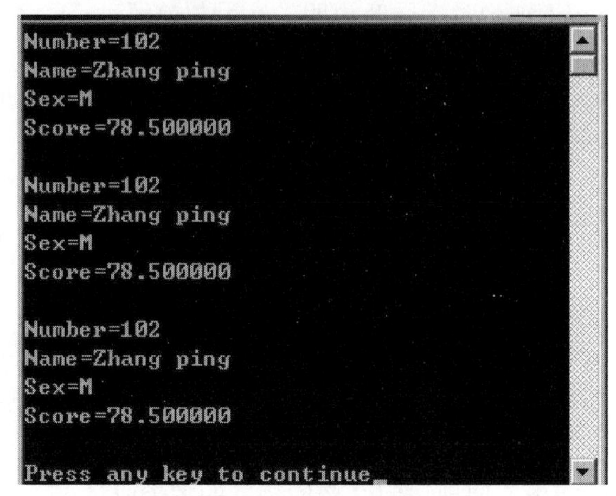

图 9.4　例 9.4 程序的运行结果

3. 指向结构体数组的指针

指针变量可以指向一个结构体数组，这时结构体指针变量的值是整个结构体数组的首地址。结构体指针变量也可指向结构体数组的一个元素，这时结构体指针变量的值是该结构体数组元素的首地址。

例 9.5　用指针变量输出结构体数组。

```
#include <stdio.h>
struct student
{
    int num;
    char *name;
    char sex;
    float score;
} boy[3]={{101,"Li ping",'M',45},
        {102,"Wu ping",'M',62.5},
        {103,"He fang",'F',92.5}};
void main()
{
    struct student *ps;
    printf("No\tName\t\tSex\tScore\t\n");
    for(ps=boy; ps < boy+3;ps++)
        printf("%d\t%s\t\t%c\t%f\t\n", ps -> num,ps -> name,ps -> sex, ps ->score);
}
```

例 9.5 程序的运行结果如图 9.5 所示。

```
No        Name          Sex       Score
101       Li ping       M         45.000000
102       Wu ping       M         62.500000
103       He fang       F         92.500000
Press any key to continue
```

图 9.5　例 9.5 程序的运行结果

在程序中，定义了 student 结构体类型的外部数组 stu 并作了初始化赋值。在 main 函数内定义指向 student 类型的指针 ps。在循环语句 for 的表达式 1 中，ps 被赋予 stu 的首地址，然后循环 3 次，输出 stu 数组中各成员值。

应该注意的是，一个结构体指针变量虽然可以用来访问结构体变量或结构体数组元素的成员，但是不能使它指向一个成员。也就是说不允许取一个成员的地址来赋予它。因此，下面的赋值

```
ps=&stu[1].sex;
```

是错误的。

而只能是：

```
ps=stu;     //赋予数组首地址
```

或者是：

```
ps=&stu[0];     //赋予 0 号元素首地址
```

4. 用结构体指针变量作函数的参数

将结构体的地址传递给函数，程序效率高，可以修改实参的值。

在 C 语言中允许用结构体变量作函数参数进行整体传送。但是这种传送要将全部成员逐个传送，特别是成员为数组时将会使传送的时间和空间开销很大，严重降低了程序的效率。因此最好的办法就是将结构体的地址传递给函数，程序效率高，还可以修改实参的值，即用指针变量作函数参数进行传送。这时由实参传向形参的只是地址，从而减少了时间和空间的开销。

例 9.6　计算一组学生的平均成绩和不及格人数。要求：用结构体指针变量作函数参数。

```
#include <stdio.h>
struct student
{
    int num;
    char *name;
    char sex;
    float score;
} stu[3]={{101,"Li ping",'M',45},
        {102,"wu ping",'M',62.5},
        {103,"He fang",'F',92.5},};
void main()
{
    struct student *ps;
    void ave(struct student *ps);
    ps=stu;
    ave(ps);
}
void ave(struct student *ps)
```

```
{
    int c=0,i;
    float ave,s=0;
    for(i=0;i<3;i++,ps++)
    {
        s+=ps->score;
        if(ps->score<60)c+=1;
    }
    printf("s=%f\n",s);
    ave=s/3;
    printf("average=%f\ncount=%d\n",ave,c);
}
```

例 9.6 程序的运行结果如图 9.6 所示。

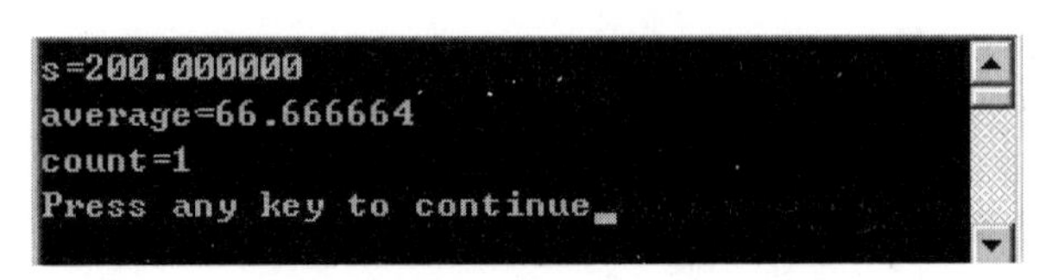

图 9.6 例 9.6 程序的运行结果

9.1.6 结构体应用——链表操作

C 语言允许结构体的成员可以是指向本结构体类型的指针，可以利用这一点来构造比较复杂的数据结构体，如链表和树等。在实际的程序设计过程中，链表是一种常用的数据结构体，它动态地进行存储分配。

链表有单向链表、双向链表、环形链表等形式。本节只介绍单向链表。

链表是由被称为节点的元素组成的，节点的多少是根据需要而确定的。每个节点都应该包括以下两部分的内容：

（1）数据部分。该部分可以根据需要由多个成员组成，它存放的是需要处理的数据。

（2）指针部分。该部分存放的是下一个节点的地址，链表中的每个节点是通过指针链接在一起的。

每个节点的结构体类型定义如下：

```
struct node
{
    int data;
    struct node *next;
}
```

链表的一般结构如图 9.7 所示，其中 head 是链表的首指针，它指向链表的第一个节点。最后一个节点称为“表尾”，表尾节点的指针为空（NULL）。NULL 是链表结束标志。

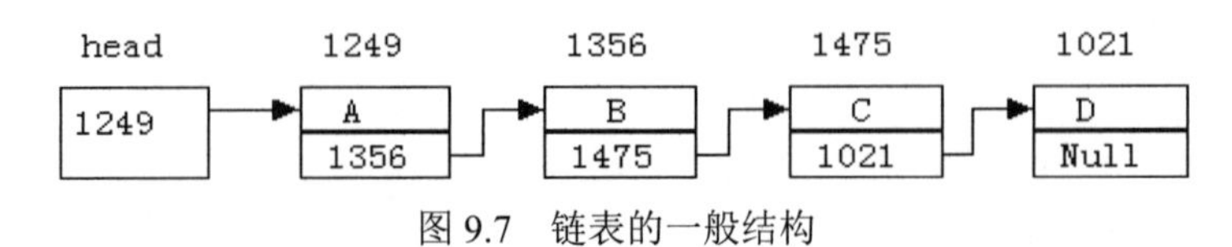

图 9.7 链表的一般结构

图 9.7 中，第 0 个结点称为头结点，它存放第 1 个结点的首地址，但它没有数据，只是一个指针变量。之后的每个结点都分为两个域：一个是数据域，存放各种实际的数据；另一个是指针域，存放下一结点的首地址。链表中的每一个结点都是同一种结构类型。

一般来讲，一个链表是在程序执行过程中动态建立起来的，当一个链表建立起来之后，程序中仅保留了链表首指针 head，以及对链表的所有操作，如结点的插入和删除等，都是通过首指针来进行的。

例如，一个存放学生学号和成绩的节点应为以下结构：

```
struct student
{
    int num;
    int score;
    struct student *next;
}
```

前两个成员项组成数据域，后一个成员项 next 构成指针域，它是一个指向 student 类型结构体的指针变量。

对链表的主要操作有 4 种：建立链表、输出链表（遍历）、插入节点（首先查找位置）、删除节点（首先查找位置）。

例 9.7　建立一个有 3 个结点的链表，存放学生数据。写一个建立链表的函数 creat。

```
#define NULL 0
#define TYPE struct student
#define LEN sizeof (struct student)
#include <stdio.h>
struct student
{
    int num;
    int age;
    struct stu *next;
} stu[3]={{101,"Li ping",'M',45},
    {102,"wu ping",'M',62.5},
    {103,"He fang",'F',92.5}};
TYPE *creat(int n)
{
    struct stu *head, *pf, *pb;
    int i;
    for(i=0;i< n;i++)
    {
    pb=(TYPE*) malloc(LEN);
    printf("input Number and Age\n");
    scanf("%d%d",&pb-> num,&pb->age);
    if(i==0)
        pf=head=pb;
    else pf-> next=pb;
    pb-> next=NULL;
    pf=pb;
```

```
    }
    return(head);
}
```

在函数外首先用宏定义对3个符号常量作了定义。这里用TYPE表示struct student，用LEN表示 sizeof(struct student) 的主要目的是在程序内减少书写并使程序阅读起来更加方便。结构体student定义为外部类型，程序中的各个函数均可使用该定义。

creat函数用于建立一个有n个结点的链表，它是一个指针函数，它返回的指针指向student结构体。在creat函数内定义了3个student结构体的指针变量。head为头指针，pf为指向两相邻结点的前一结点的指针变量，pb为后一结点的指针变量。

9.1.7 类型定义符typedef

C语言不仅提供了丰富的数据类型，而且还允许用户自己定义类型说明符，也就是允许用户为数据类型取“别名”。使用类型定义符typedef即可用来完成此功能。

typedef定义的一般形式为：

```
typedef  原类型名  新类型名;
```

功能：将原类型名用新类型名替代，新类型名一般用大写表示，以示区别。

1. 用typedef定义整型量

有整型量a、b，其中int是整型变量的类型说明符。int的完整写法为integer，为了增加程序的可读性，可把整型说明符用typedef定义为：

```
typedef int INTEGER;
```

以后就可以利用INTEGER来代替int作为整型变量的类型说明符了。例如：

```
INTEGER a,b;
```

它等效于：

```
int a,b;
```

2. 用typedef定义数组

例如：

```
typedef char NAME[20];
```

表示NAME是字符数组类型，数组长度为20。然后可以用NAME说明变量，如：

```
NAME a1, b1;
```

完全等效于：

```
char a1[20],b1[20];
```

3. 用typedef定义结构体类型

例如：

```
typedef struct student
{
    char name[20];
    int age;
    char sex;
}STU;
```

定义STU表示struct student的结构体类型，然后可用STU来说明结构体变量：

```
STU body1,body2;
```

等价于：

```
struct student body1,body2;
```

4. 用 typedef 定义指针类型

例如：

```
typedef char * STRING     /*STRING 是字符指针类型*/
STRING p,s[10];
```

等价于：

```
char *p, *s[10];
```

随 堂 练 习

编写程序:

（1）定义一个能反映教师信息的结构体teacher，包含教师的姓名、性别、年龄、所在部门和薪水；定义一个能存放两人数据的结构体数组tea，并用如下数据初始化:

{{"Mary",'W',40,"Computer",1234},{"Andy",'M',55,"English",1834}} ;

要求：分别用结构体数组tea和指针p输出各位教师的信息，写出完整定义、初始化、输出过程。

（2）建立一个教师链表，每个结点包括学号(no)，姓名(name[8])，工资(wage)，写出动态创建函数creat和输出函数print。

9.2 共 用 体

9.2.1 共用体的概念

在实际程序设计过程中，有时希望在不同时刻能够把不同类型的数据存放在同一段内存单元中，C 语言中的共用体（又称“联合体”）数据类型就可以满足这一要求。共用体类型也是用来描述类型不相同的数据，但与结构体类型不同，共用体数据成员存储时采用覆盖技术，共享（部分）存储空间。在结构体中增加共用体类型成员，可使结构体中产生动态成员。

共用体变量的定义形式为：

```
union 共用体名
{
    成员表列;
}变量表列;
```

在定义共用体变量时，也可以将类型定义和变量定义分开，或者直接定义共用体变量，这和结构体变量的定义完全相似，仅仅是将关键字 struct 换成 union。

例如：

```
union data
{
    int i;
    char c;
    float f;
}u;
```

其中，u 是共用体变量。浮点型成员 f、整型成员 i 和字符型成员 c 共用同一个地址开始的内存单元，如图 9.8 所示。

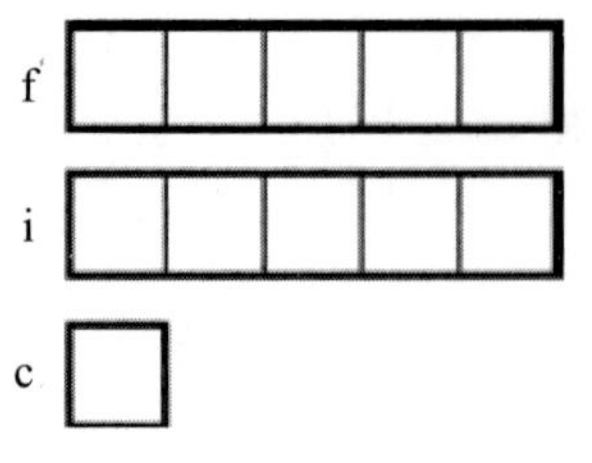

图 9.8　共用体示意图

也可以将共用体变量的定义与共用体类型的定义分开，如：

```
union data
{
    int i;
    char c;
    float f;
};
union data u;
```

也可以不指定共用体名，直接定义共用体变量。

```
union data
{
    int i;
    char c;
    float f;
}u;
```

从上面可以看出，“共用体”与“结构体”在定义形式上类似，但它们在内存分配上是有本质区别的。

小结：共用体

（1）共用体变量所占内存长度等于最长的成员的长度，如上例中的 u 占 4 个字节。

（2）不能直接引用共用体变量，只能引用共用体变量中的成员。

引用格式：共用体变量.成员名，或者是“->”；如：u.i、u.c、u.f、u->i。

（3）在同一个内存段中可以用来存放几种不同类型的成员，但在每一时刻只能存放其中一种，而不是同时存放几种。

（4）共用体变量中起作用的成员是最后一次存放的成员，在存入一个新的成员后原有成员就失去了作用。引用共用体变量应注意当前存放在共用体变量中的究竟是哪一个成员。

（5）共用体变量的地址和它各成员的地址都是同一个地址。例如：&u、&u.i、&u.c 都是同一地址值。

（6）共用体变量不能作函数参数，在定义共用体变量时也不能分别对成员进行初始化。例如，下面的初始化过程是错误的。

```
union data
{
    int i;
    char c;
    float f;
} u={1.5,20,'A'};
```

9.2.2　共用体变量的引用

共用体变量的引用与结构体变量相似，不能直接引用共用体变量本身，而只能引用共用体变量中的成员，其引用与结构体类似，如：

```
u.f=1.5;
```

是将 1.5 赋值给 u 的 f 成员。

共用体变量可以出现在结构体类型中，也可以定义共用体数组；结构体变量也可以出现在共用体类型中，数组也可以作为共用体的成员。

例 9.8　设有若干个人员的数据，其中有学生和教师。学生的数据中包括：姓名、号码、性别、职业、班级；教师的数据包括：姓名、号码、性别、职业、职务。学生和教师所包含的数据是不同的，现要求把它们放在同一表格中。

```
#include <stdio.h>
struct
{
    int num;
    char name[10];
    char sex;
    char job;
    union
    {
        int banji;
        char position[10];
    }category;
}person[2];                    /*先设人数为 2*/
void main()
{
    int i;
    for(i=0; i < 2; i++)
    {
        scanf("%d%s%c%c",&person[i].num, &person[i].name,&person[i].sex, &person[i].job);
        if(person[i].job == 'S')
            scanf("%d", &person[i].category.banji);
        else if(person[i].job=='T')
            scanf("%s",person[i].category.position);
        else printf("输入有误! ");
    }
    printf("\n");
```

```
        printf("号码\t 姓名\t 性别\t 工作\t 班级/职务\n");
        for(i=0;i<2;i++)
        {
            if (person[i].job == 'S')
                printf("%d\t%s\t%c\t%c\t%d\n",person[i].num,person[i].name,
                    person[i].sex, person[i].job, person[i].category.banji);
            else
                printf("%d\t%s\t%c\t%s\n",person[i].num, person[i].name,
                    person[i].sex,person[i].job,person[i].category.position);
        }
    }
```

例 9.8 程序的运行结果如图 9.9 所示。

图 9.9　例 9.8 程序的运行结果

9.3 枚举类型

在实际问题中，有些变量的取值被限定在一个有限的范围内。例如，人的性别只有两种可能取值，一个星期内只有七天，一年只有十二个月，等等。如果把这些量说明为整型、字符型或其他类型显然是不妥当的。为此，C 语言提供了一种称为“枚举”的类型，它将变量的值一一列举出来，变量的值只限于列举出来的范围内。应该说明的是，枚举类型是一种基本数据类型，而不是一种构造类型，因为它不能再分解为任何基本类型。

枚举类型定义的一般形式为：

```
enum  枚举名
{
    枚举元素表（逗号分隔）
};
```

在枚举元素表中应罗列出所有可用值。这些值也称为枚举元素或枚举常量，它们是用户定义的标识符。

定义一个变量是枚举类型，可以先定义一个枚举类型名，然后再说明这个变量是该枚举类型。例如：

```
enum weekday{sun,mon,tue,wed,thu,fri,sat};
```

定义了一个枚举类型名 enum weekday，然后定义变量为该枚举类型。例如：

```
enum weekday day;
```

当然，也可以直接定义枚举类型变量。例如：

```
enum weekday{sun,mon,tue,wed,thu,fri,sat} day;
```

小提示：枚举元素

（1）枚举元素不是变量，而是常数，因此枚举元素又称为枚举常量。因为是常量，所以不能对枚举元素进行赋值。例如对枚举 weekday 的元素再作以下赋值：sun=5; mon=2; sun=mon; 都是错误的。

（2）枚举元素作为常量，它们是有值的，系统在编译时按定义的顺序使它们的值为 0,1,2,…。在上面的说明中，sun 的值为 0，mon 的值为 1，…sat 的值为 6。如果有赋值语句 day=mon;，则 day 变量的值为 1。当然，这个变量值是可以输出的。例如：printf("%d",day);，将输出整数 1。

（3）不能有两个同名字的枚举元素，枚举元素也不能与其他变量同名。

```
#include <stdio.h>
void main()
{
    enum weekday
    {sun, mon,tue,wed,thu,fri,sat} a, b, c;
    a=sun;
    b=mon;
    c=tue;
    printf("%d,%d,%d",a,b,c);
}
```

例 9.9 程序的运行结果如图 9.10 所示。

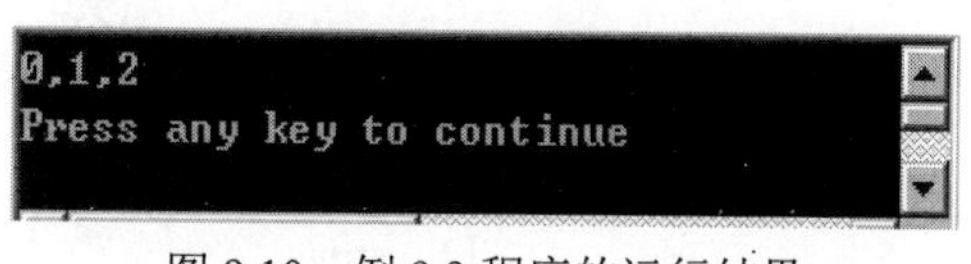

图 9.10　例 9.9 程序的运行结果

注意：只能把枚举值赋予枚举变量，不能把元素的数值直接赋予枚举变量。如：

```
a=sum;
b=mon;
```

是正确的。而

```
a=0;
b=1;
```

是错误的。如果一定要把数值赋予枚举变量，则必须用强制类型转换。如：

```
a=(enum weekday)2;
```

其意义是将顺序号为 2 的枚举元素赋予枚举变量 a，相当于：

```
a=tue;
```

还应该说明的是枚举元素不是字符常量也不是字符串常量，使用时不要加单、双引号。

随 堂 练 习

编程：请定义枚举类型 money，用枚举元素代表人民币的面值。包括 1 分、2 分、5 分；1 角、2 角、5 角；1 元、2 元、5 元、10 元、50 元、100 元。

9.4 小　　结

本章介绍了几种构造型数据类型：结构体、共用体和枚举类型，其中对结构体进行了详细的介绍。在结构体的使用过程中和前面章节所介绍的各种数据类型都有关联，将所学的知识又结合新的内容复习了一遍，是本章学习的重点。

9.5 习　　题

一、选择题

1．当说明一个结构体变量时系统分配给它的内存是（　　）。

A．各成员所需内存量的总和

B．结构中第一个成员所需的内存量

C．成员中占内存量最大者所需的容量

D．结构中最后一个成员所需的内存量

2．在如下结构体定义中，不正确的是（　　）。

A．
```
struct teacher
{
    int no;
    char name[10];
    float salary;
}
```

B．
```
struct tea[20]
{
    int no;
    char name[10]
    float salary;
}
```

C．
```
struct teacher
{
    int no;
    char name[10];
    float score;
} tea[20];
```

D．
```
struct
{
    int no;
    char name[10]
    float score;
}stud[100];
```

3．若有以下说明和语句：

```
struct student
{
    int age;
    int num;
}std, *p;
p=&std;
```

则以下对结构体变量 std 中成员 age 的引用方式不正确的是（　　）。

A．std.age　　B．p->age　　C．(*p).age　　D．*p.age

4．以下程序的运行结果是（　　）。

```
#include <stdio.h>
void main()
```

```
{
    struct date
    {
        int year, month, day;
    }today;
    printf("%d\n", sizeof(struct date));
}
```

A．6　　B．8　　C．10　　D．12

5．以下对枚举类型名的定义中正确的是（　　）。

A．enum a={one,two,three};　　B．enum a{one=9,two=-1,three};

C．enum a={"one","two","three"};　　D．enum a{"one","two","three"};

6．以下各选项企图说明一种新的类型名，其中正确的是（　　）。

A．typedef v1 int;　　B．typedef v2=int;

C．typedef int v3;　　D．typedef v4:int;

7．以下程序的运行结果是（　　）。

```
#include <stdio.h>
void main()
{
    enum team{my,your=4,his,her=his+10};
    printf("%d%d%d%d\n",my,your,his,her);
}
```

A．0 1 2 3　　B．0 4 0 10　　C．0 4 5 15　　D．1 4 5 15

二、填空题

1．定义结构体的关键字是________。

2．一个结构体变量所占用的空间是________。

3．有如下定义并初始化，请填写输出语句。

```
struct person
{
    char name[9];
    int age;
}
struct person class[4]={"John", 17, "Paul", 19, "Mary", 18, "adam", 16};
void main()
{
    int i;
    for(i=0; i < 4; i++)
    printf(________);
}
```

4．指向结构体数组的指针的类型是________。

5．通过指针访问结构体变量成员的两种格式________和________。

6．链表有一个“头指针”变量，专门用来存放________。

7．常常用结构体变量作为链表中的节点，每个节点都包括两部分：一个是________；另一个是________。

8．共用体变量所占内存长度等于________。

9．在下列程序段中，枚举变量 c1 和 c2 的值分别是________和________。

```
#include<stdio.h>
void main()
{
    enum color{red,yellow,blue =4,green,white} c1,c2 ;
    c1=yellow;
    c2=white ;
    printf("%d,%d\n",c1,c2);
}
```

三、程序设计题

1．编写一个函数 print，打印一个学生的成绩数组，该数组中有 5 个学生的数据记录，每个记录包括 num，name，score[3]，用主函数输入这些记录，用 printf 函数输出这些记录。

2．有 10 个学生，每个学生的数据包括学号、姓名、3 门课的成绩，从键盘输入 10 个学生的数据，要求输出 3 门课总平均成绩，以及最高分学生的数据（包括学号、姓名、3 门课成绩、平均分数）。

第10章　文件操作

在前面的章节中，介绍了各种数据类型的输入和输出操作，这些输入和输出操作都是从标准输入设备——键盘输入，由标准输出设备——显示器或打印机输出。实际上，仅靠这些输入/输出操作是远远不够的。在实际应用系统中，编译者经常需要把程序的运行结果输出到磁盘上，或从磁盘上读入一些数据到程序中，这时的输入/输出操作针对文件系统。因此，文件系统也是重要的输入和输出的对象。

和标准输入/输出操作一样，C 语言的文件操作也是由库函数来完成的，这些输入/输出函数分为两类：一类是标准文件输入/输出函数，另一类是非标准文件输入/输出函数。本章主要介绍标准文件系统的输入/输出操作。

10.1　文件概述

10.1.1　文件的定义

所谓“文件”是指一组相关数据的有序集合。这个数据集有一个名称，叫作文件名。实际上在前面的各章中已经多次使用了文件，例如：源程序文件、目标文件、可执行文件、库文件（头文件）等。

文件通常是驻留在外部介质（如磁盘等）上的，在使用时才调入内存中。从不同的角度可对文件作不同的分类。从用户的角度看，文件可分为普通文件和设备文件两种。

（1）普通文件是指驻留在磁盘或其他外部介质上的一个有序数据集，可以是源文件、目标文件、可执行程序，也可以是一组待输入处理的原始数据，或是一组输出的数据。对于源文件、目标文件、可执行程序可以称作程序文件，对输入/输出数据则可称作数据文件。

（2）设备文件是指与主机相连的各种外部设备，如显示器、打印机、键盘等。在操作系统中，把外部设备也看作是一个文件来进行管理，把它们的输入、输出等同于对磁盘文件的读和写。

通常把显示器定义为标准输出文件，一般情况下在屏幕上显示有关信息就是向标准输出文件输出。如：printf()、putchar()函数就是这类输出。

键盘通常被指定为标准的输入文件，从键盘上输入就意味着从标准输入文件上输入数据。如 scanf()，getchar()函数就属于这类输入。

从文件编码的方式来看，文件可分为 ASCII 文件和二进制文件两种。

（1）ASCII 文件也称为文本文件，这种文件在磁盘中存放时，每个字符对应一个字节，用于存放对应的 ASCII 码。例如，数 5678 的存储形式为：

```
ASCII 码：    00110101   00110110   00110111   00111000
                 ↓          ↓          ↓          ↓
十进制码：        5          6          7          8
```

其共占用 4 个字节。ASCII 文件可在屏幕上按字符显示，例如源程序文件就是 ASCII 文件，用 DOS 命令 TYPE 可显示文件的内容。由于是按字符显示的，因此编译者能读懂文件内容。

（2）二进制文件是按二进制的编码方式来存放文件的。例如，数 5678 的存储形式为：

00010110　00101110

其只占两个字节。二进制文件虽然也可在屏幕上显示，但其内容编译者无法读懂。C 系统在处理这些文件时，并不区分类型，而都看成是字符流，按字节进行处理。

输入/输出字符流的开始和结束只由程序控制而不受物理符号（如回车符）的控制。因此也把这种文件称作“流式文件”。

本章讨论流式文件的打开、关闭、读、写等各种操作。

10.1.2　文件指针

在 C 语言中用一个指针变量指向一个文件，这个指针称为文件指针。通过文件指针就可以对它所指的文件进行各种操作。每个被使用的文件都在内存中开辟一个区，用来存放文件的有关信息（如文件名称、文件状态和文件当前位置等），这些信息保存在一个结构体变量中，该结构体变量由系统定义，取名为 FILE。

在 stdio.h 文件中有如下定义：

```
typedef struct
{
    int     _fd;          /*文件号*/
    int     _cleft;       /*缓冲区中剩下的字符*/
    int     _mode;        /*文件操作模式*/
    char   *_nexttc;      /*下一个字符位置*/
    char   *_buff;        /*文件缓冲区位置*/
}FILE;
```

定义文件指针的一般形式为：

```
FILE *指针变量标识符;
```

例如：

```
FILE *fp;
```

表示 fp 是指向 FILE 结构的指针变量，通过 fp 即可找到存放某个文件信息的结构变量，然后按结构变量提供的信息找到该文件，实施对文件的操作。习惯上也笼统地把 fp 称为指向一个文件的指针。

10.2　文件的打开和关闭

10.2.1　文件的打开

fopen()函数用来打开一个文件，其调用的一般形式为：

```
文件指针名=fopen(文件名,使用文件方式);
```

其中：

“文件指针名”必须是被说明为 FILE 类型的指针变量；“文件名”是被打开文件的文件

名，用字符串常量或字符串数组表示，该文件保存在当前目录下；“使用文件方式”是指文件的类型和操作要求。

例如：

```
FILE *fp;
fp=("file.a","r");
```

其意义是在当前目录下打开文件 file.a，只允许进行“读”操作，并使 fp 指向该文件。

又如：

```
FILE *fphzk
Fphzk=("c:\\hzk16", "rb")
```

其意义是打开 C 驱动器磁盘的根目录下文件 hzk16，这是一个二进制文件，只允许按二进制方式进行读操作。两个反斜线“\\”中的第一个表示转义字符，第二个表示根目录。

10.2.2 文件的关闭

文件一旦使用完毕，应用关闭文件函数关闭文件，以避免文件的数据丢失等。

fclose 函数调用的一般形式为：

```
fclose(文件指针);
```

例如：

```
fclose(fp);
```

正常完成关闭文件操作时，fclose 函数返回值为 0。如返回非零值则表示有错误发生。

注意： fopen 函数和 fclose 函数总是成对出现的。无 fclose 函数时会导致部分数据丢失！

例 10.1 向一个文件输入字符。

```
#include "stdio.h"
void main()
{
    char c;
    FILE *fp;                                /*声明文件指针*/
    if((fp=fopen("tt.txt","w")) == NULL)     /*调用打开文件函数，若打开错误，退出*/
    {
        printf("error!\n");
        exit(0);                             /*exit 函数关闭所有打开的文件并中止程序*/
    }
    c=getchar();
    while(c != EOF)                          /*while 循环遇到文件结束符中止*/
    {
        fputc(c,fp);                         /*调用 fputc 函数写文件*/
        c=getchar();
    }
    fclose(fp);                              /*调用 fclose 函数关闭文件*/
}
```

例 10.1 程序的运行结果如图 10.1 所示。

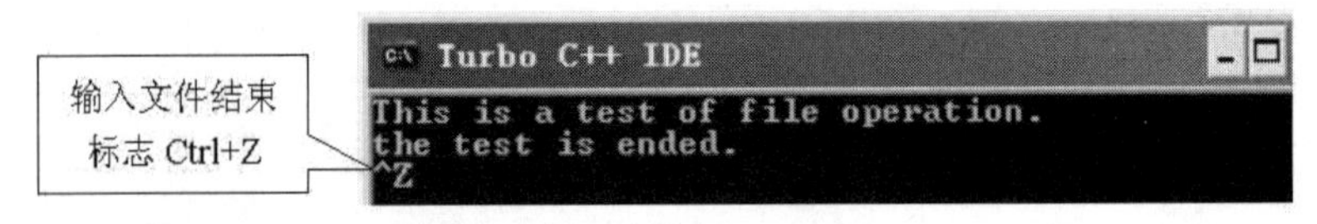

图 10.1　例 10.1 程序的运行结果

程序执行后生成的 tt.txt 文件内容如图 10.2 所示：

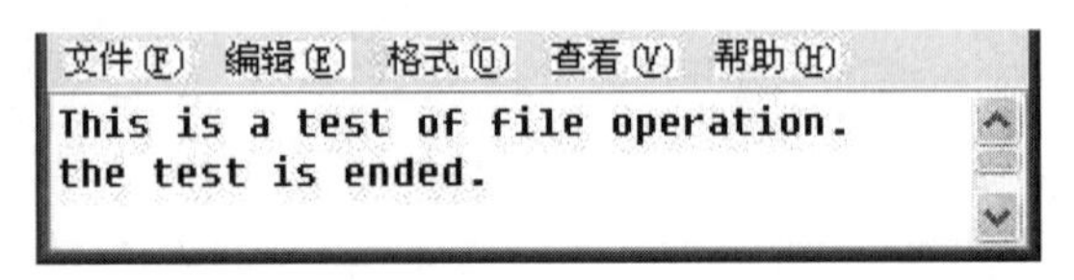

图 10.2　例 10.1 生成的文件

程序说明：

（1）本程序使用了打开文件函数 fopen、关闭文件函数 fclose、文件字符写函数 fputc。在 if((fp=fopen("tt.txt","w"))==NULL)这个 if 条件判定中，NULL 的值是 0，它是在 stdio.h 中定义的值；文件打开函数 fopen 执行后，若打开文件成功返回打开的文件指针，不成功则返回 NULL（空指针）；fopen 函数中的第一个参数"tt.txt"表示一个字符串，这里即文本文件名，第二个参数"w"是用于指定文件打开模式的一个字符串，C 库提供了一些可能的模式，参见表 10.1；fclose 函数关闭了由文件指针 fp 指定的文件，若需要检查文件是否关闭成功，可以采用下述写法，文件关闭成功 fclose 函数返回值为 0，否则返回 EOF；

```
if (fclose(fp) != 0)
    printf("Error in closing file %s\n","tt.txt");
```

文件字符写函数 fputc 是把一个字符写入指定的文件中；

```
fputc(c,fp);
```

fputc 函数有两个参数：第一个参数为字符型变量或者常量，此处传递实参为字符型变量 c；第二个参数为文件指针，即前面已经打开的指向文本文件 tt.txt 的文件指针。

（2）函数 exit 表示关闭所有打开的文件并中止程序；exit 函数的参数会被传递给一些操作系统以供其他程序使用，通常约定传递值为 0 表示正常中止，传递非零值表示非正常中止；在 ANSI C 中，非递归的 main 函数中使用 exit 函数等价于使用了关键字 return，此处可以使用 return 代替 exit 函数。

（3）使用 EOF（End Of File，文件尾）作为文件结束标志判定是否到达文件尾。EOF 在 stdio.h 中定义如下：

```
# define EOF (-1)
```

在 MS-DOS 中使用 Ctrl+Z 来标识文件结尾，因此可以看到例 10.1 程序的运行结果最后出现了 Ctrl+Z。

另外，与 fputc 函数相对应的是 fgetc 函数，它的功能是从文件指针 fp 指定的文件中获取一个字符，使用方法如下：

```
ch=fgetc(fp);
```

fgetc()函数只有一个文件指针类型参数。

fopen()函数的模式字符串及意义见表 10.1。

表 10.1 fopen()函数的模式字符串及意义

模式字符串	意义
"r"	打开一个文本文件，可以读取文件
"w"	打开一个文本文件，可以写入文件，先将文件长度截为 0，若文件不存在则先创建再写入
"a"	打开一个文本文件，可以写入文件，向已有文件尾部追加内容，若文件不存在则先创建再写入
"r+"	打开一个文本文件，可以进行更新，即可以读取和写入文件
"w+"	打开一个文本文件，可以进行更新，若文件存在则先将其长度截为 0；若文件不存在则先创建再读取和写入
"a+"	打开一个文本文件，可以进行更新，向已有文件尾部追加内容；若文件不存在则先创建；可以读取整个文件，但写入时只能追加内容
"rb+","wb","ab", "ab+","a+b","wb+", "w+b","rb+","r+b"	与前面的模式相似，只是使用二进制模式而非文本模式打开文件

10.3 文件的格式化读写

对文件的读和写是最常用的文件操作。在 C 语言中提供了以下文件读写的函数，使用这些函数都要求程序包含头文件 stdio.h。

1. 字符读写函数 fgetc 和 fputc

字符读写函数是以字符（字节）为单位的读写函数，每次可从文件读出或向文件写入一个字符。

（1）读字符函数 fgetc。fgetc 函数的功能是从指定的文件中读一个字符，函数调用的形式为：

```
字符变量=fgetc(文件指针);
```

例如：

```
ch=fgetc(fp);
```

其意义是从打开的文件 fp 中读取一个字符并送入 ch 中。

对于 fgetc 函数的使用有以下 3 点说明：

- 在 fgetc 函数调用中，读取的文件必须是以读或读写方式打开的。
- 读取字符的结果也可以不向字符变量赋值，例如：
  fgetc(fp);
  但是读出的字符不能保存。
- 在文件内部有一个位置指针，用来指向文件当前读写的字节。在文件打开时，该指针总是指向文件的第一个字节。使用 fgetc 函数后，该位置指针将向后移动一个字节。因此可连续多次使用 fgetc 函数，读取多个字符。应注意文件指针和文件内部的位置指针不同。文件指针是指向整个文件的，须在程序中定义说明，只要不重新赋值，文件指针的值是不变的。文件内部的位置指针用以指示文件内部的当前读写位置，每读写一次，该指针均向后移动，它不需在程序中定义说明，而是由系统自动设置的。

例 10.2 读入文件 string.txt，在屏幕上输出文件中的内容。

```
#include<stdio.h>
#include<stdlib.h>
void main()
{
      FILE *fp;
      char ch;
      if((fp=fopen("d:\\xx\\string.txt", "rt"))==NULL)
      {
            printf("\nCannot open file strike any key exit!");        /*若文件不存在，输出此信息*/
            getchar();
            exit(1);
      }
      ch=fgetc(fp);
      while(ch != EOF)                                                /*若文件存在，输出该文件的内容*/
      {
            putchar(ch);
            ch=fgetc(fp);
      }
      printf("\n");
      fclose(fp);                                                     /*调用函数关闭文件*/
}
```

例 10.2 程序的功能是从文件中逐个读取字符，并在屏幕上显示。程序定义了文件指针 fp，以读文本文件方式打开文件“d:\\xx\\string.txt”，并使 fp 指向该文件。如打开文件出错，给出提示并退出程序。程序第 13 行先读出一个字符，然后进入循环，只要读出的字符不是文件结束标志（EOF），就把该字符显示在屏幕上，再读入下一字符。每读一次，文件内部的位置指针就向后移动一个字符，文件结束时，该指针指向 EOF。执行本程序将显示整个文件。

（2）写字符函数 fputc。fputc 函数的功能是把一个字符写入指定的文件中，函数调用的形式为：

```
fputc(字符量，文件指针);
```

其中，待写入的字符量可以是字符常量或变量，例如：

```
fputc('a', fp);
```

其意义是把字符 a 写入 fp 所指向的文件中。

对于 fputc 函数的使用有以下 3 点说明：

- 被写入的文件可以用写、读写、追加方式打开，用写或读写方式打开一个已存在的文件时将清除原有的文件内容，写入字符从文件首开始。如需保留原有文件内容，希望写入的字符从文件末开始存放，则必须以追加方式打开文件。被写入的文件若不存在，则创建该文件。
- 每写入一个字符，文件内部位置指针就向后移动一个字节。
- fputc 函数有一个返回值，如写入成功则返回写入的字符，否则返回一个 EOF。可用此来判断写入是否成功。

例 10.3　从键盘输入一行字符，写入一个文件，再把该文件内容读出显示在屏幕上。

```
#include<stdio.h>
#include <stdlib.h>
void main()
{
    FILE *fp;
    char ch;
    if((fp=fopen("d:\\xx\\string","wt+"))==NULL)
    {
        printf("Cannot open file strike any key exit!");   /*若文件不存在，输出此信息*/
        getchar();
        exit(1);
    }
    printf("input a string:\n");
    ch=getchar();
    while (ch!='\n')                    /*输入一行字符到文件中，并同时进行文件内容的输出*/
    {
        fputc(ch,fp);
        ch=getchar();
    }
    rewind(fp);
    ch=fgetc(fp);
    while(ch!=EOF)
    {
        putchar(ch);
        ch=fgetc(fp);
    }
    printf("\n");
    fclose(fp);
}
```

例 10.3 的运行结果如图 10.3 所示。

```
input a string:
you are right!
you are right!
```

图 10.3　例 10.3 的运行结果

程序中第 7 行以读写文本文件的方式打开文件 string。程序第 14 行从键盘读入一个字符后进入循环，当读入字符不为回车符时，则把该字符写入文件之中，然后继续从键盘读入下一字符。每输入一个字符，文件内部位置指针向后移动一个字节。写入完毕，该指针已指向文件末。如要把文件从头读出，须把指针移向文件头，程序第 20 行的 rewind 函数用于把 fp 所指文件的内部位置指针移到文件头。第 21～26 行用于读出文件中的一行内容。

2. 字符串读写函数 fgets 和 fputs

（1）读字符串函数 fgets。fgets 函数的功能是从指定的文件中读一个字符串到字符数组中，函数调用的形式为：

fgets(字符数组名,n,文件指针);

其中，n 是一个正整数，表示从文件中读出的字符串不超过 n-1 个字符。在读入的最后一个字符后加上串结束标志'\0'。

例如：

fgets(str, n, fp);

其意义是从 fp 所指的文件中读出 n-1 个字符送入字符数组 str 中。

对 fgets 函数有两点说明：

- 在读出 n-1 个字符之前，如遇到了换行符或 EOF，则结束读出。
- fgets 函数也有返回值，其返回值是字符数组的首地址。

（2）写字符串函数 fputs。fputs 函数的功能是向指定的文件写入一个字符串，其调用形式为：

fputs(字符串,文件指针);

其中字符串可以是字符串常量，也可以是字符数组名或指针变量，例如：

fputs("abcd", fp);

其意义是把字符串"abcd"写入 fp 所指的文件之中。

例 10.4 在例 10.2 中建立的文件 string 中追加一个字符串。

```
#include <stdio.h>
void main()
{
    FILE *fp;
    char ch, st[20];
    if((fp=fopen("d:\\xx\\string","at+")) == NULL)
    {
        printf("Cannot open file strike any key exit!");
        getchar();
        exit(1);
    }
    printf("input a string:\n");
    scanf("%s", st);
    fputs(st,fp);
    rewind(fp);
    ch=fgetc(fp);
    while(ch!=EOF)
    {
        putchar(ch);
        ch=fgetc(fp);
    }
    printf("\n");
    fclose(fp);
}
```

例 10.4 的运行结果如图 10.4 所示。

```
input a string:
hello
hello
```

图 10.4　例 10.4 的运行结果

本例要求在 string 文件末加写字符串。因此，在程序第 6 行以追加读写文本文件的方式打开文件 string，然后输入字符串，并用 fputs 函数把该串写入文件 string。在程序第 15 行用 rewind 函数把文件内部位置指针移到文件首，再进入循环逐个显示当前文件中的全部内容。

前面介绍的对文件的读写方式都是顺序读写，即读写文件只能从头开始，顺序读写各个数据，但在实际问题中常要求只读写文件中某一指定的部分。为了解决这个问题，可移动文件内部的位置指针到需要读写的位置，再进行读写，这种读写称为随机读写。实现随机读写的关键是要按要求移动位置指针，这称为文件的定位。

3. 数据块读写函数 fread 和 fwrite

使用 fgetc 函数和 fputc 函数可以用来读写文件中的一个字符。但是常常要求一次读入一组数据。ANSI C 标准提出设置两个函数（fread 函数和 fwrite 函数），用来读写一个数据块。它们的一般调用形式为：

```
fread(buffer, size, count, fp);
fwrite(buffer, size, count, fp);
```

其中：

- buffer：一个指针。对于 fread 函数来说，它是读入数据的存放地址；对于 fwrite 函数来说，是要输出数据的地址（均指起始地址）。
- size：要读写的字节数。
- count：要读写多少个 size 字节的数据项。
- fp：文件型指针。

如果 fread 函数和 fwrite 函数调用成功，则函数返回值为 count 的值，即输入或输出数据项的完整个数。

例 10.5　从键盘输入 4 个学生的有关数据，然后把它们转存到磁盘文件上。

```
#include <stdio.h>
#define SIZE 4
typedef struct student
{
    char name[20];
    int num;
    int age;
    char addr[50];
}student;
student stu[SIZE];
void save()
{
    FILE *fp;
    int i;
    if((fp=fopen("stu_list", "wb"))==NULL)
    {
```

```
            printf("cannot open file\n");
            return;
        }
        for(i=0;i<SIZE;i++)
            if(fwrite(&stu [i],sizeof(struct student), 1, fp)!=1)
                printf("file write error\n");
        fclose(fp);
    }
    void main()
    {
        int i;
        for(i=0; i < SIZE; i++)
            scanf("%s%d%d%s", stu[i].name, &stu[i].num, &stu[i].age,stu[i].addr);
        save();
    }
```

4. 格式化读写函数 fprintf 和 fscanf

fprintf 函数和 fscanf 函数与 printf 函数和 scanf 函数的作用相似，都是格式化读写函数。只有一点不同：前者的读写对象是磁盘文件，而后者的读写对象是终端（如显示器）。它们的调用格式为：

```
fprintf(文件指针,格式字符串,输出表列);
fscanf(文件指针,格式字符串,输入表列);
```

例如：

```
fprintf(fp, "%d,%6.2f", i, t);
```

它的作用是将整型变量 i 和浮点型变量 t 的值按照%d 和%6.2f 的格式输出到 fp 所指向的文件上。如果 i=5，t=7，则输出到磁盘文件上的是以下字符串：

5,7.00

同样，用以下 fscanf 函数可以从磁盘文件上读入 ASCII 字符：

```
fscanf(fp, "%d,%f", &i, &t);
```

磁盘文件上如果有以下字符：

5，7

则将磁盘文件中的 5 送给变量 i，将 7 送给变量 t。

例 10.6 采用格式化读写函数 fscanf 和 fprintf 对文件进行操作。

```
#include <stdio.h>
#define MAX 40
int main(void)
{
    FILE *fp;                          /*声明文件指针*/
    char words[MAX];
    /*if 语句调用打开文件函数，若打开错误，向屏幕输出错误信息并退出*/
    if ((fp=fopen("word.txt", "a+")) == NULL)
    {
        fprintf(stdout,"Can't open \"word.txt\" file.\n");
        exit(1);
    }
```

```
    /*调用字符串输出函数显示提示信息*/
    puts("Enter words to add to the file; press the Enter");
    puts("key at the beginning of a line to terminate.");
    /*读取字符串信息到 words 中再写入文件 word.txt，在行首输入回车退出循环*/
    while (gets(words) != NULL&& words[0] != '\0')
        fprintf(fp, "%s ", words);
    puts("File contents:");
    rewind(fp);                              /*返回文件指针到文件开始*/
    while (fscanf(fp,"%s",words) == 1)       /*从文件读字符串到 words 中*/
    puts(words);                             /*输出 words 内容到屏幕*/
    if (fclose(fp) != 0)                     /*关闭文件*/
        fprintf(stderr,"Error closing file\n");
    return 0;
}
```

例 10.6 程序的执行过程如图 10.5 所示。

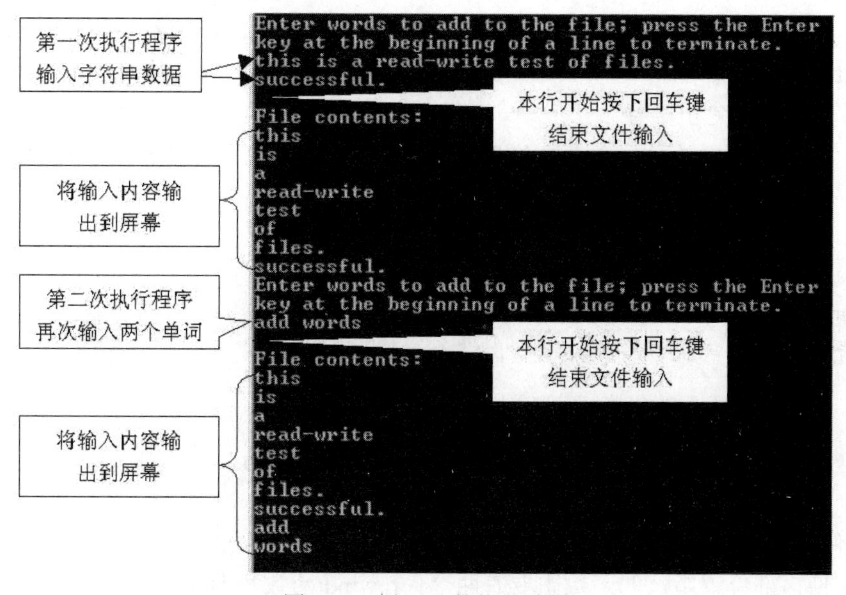

图 10.5　例 10.6 的执行过程

程序说明：

（1）该程序可以向文件中添加单词。程序使用了 a+模式，第一次使用该程序会创建一个 word.txt 文件供程序操作。在随后的使用中可以向以前的内容后面添加单词。追加模式只能向文件结尾添加内容，但是 a+模式可以读取整个文件。在例 10.6 程序的执行过程中，程序执行了两次 a+模式。在第一次执行之前 word.txt 文件未创建，程序执行第一次后创建了 word.txt，输入结果反映在 word.txt 文件中的内容如图 10.6（a）所示，第二次执行后文件 word.txt 的内容变化如图 10.6（b）所示。

（2）本程序使用了三个文件处理函数 fscanf、fprintf、rewind。其中 rewind 函数功能是让程序使用的文件指针回到文件开始处，它只接受一个文件指针参数；在本程序中 rewind 函数是让最后的 while 循环将数组的第一个元素置为空字符，程序据此终结循环。

（a）word.txt 文件未建立时程序执行结果

（b）再次执行程序时 word.txt 文件内容变化

图 10.6　例 10.6 的执行结果反映在文件中的内容变化

while(fscanf(fp,"%s",words)==1)和 fprintf(fp,"%s",words)两处对 fscanf 函数和 fprintf 函数的文件指针操作进行了使用，可以看到两个函数的第一个参数是文件指针，这是唯一与 scanf 函数和 printf 函数的不同之处，此处文件指针 fp 的使用让 fscanf 函数和 fprintf 函数实现了对文件 word.txt 的操作。第二个参数“格式字符串”和第三个参数“地址表列”与 scanf 函数和 printf 函数的使用完全一样。

此外对 fprintf 函数的第一个参数使用了 stdout 和 stderr 两个文件指针常量。它们的使用效果解释如下：

```
fprintf(stdout,"Can't open\"word.txt\"file.\n");
```

表示向标准输出设备输出信息，即向显示器输出信息。

```
fprintf(stderr,"Error closing file\n");
```

表示将标准错误向显示器（标准输出设备）输出。

10.4　文件的随机读写

1. 文件定位

移动文件内部位置指针的函数主要有两个：rewind 函数和 fseek 函数。

rewind 函数前面已多次使用过，其调用形式为：

```
rewind(文件指针);
```

它的功能是把文件内部位置指针移到文件首。

fseek 函数用来移动文件内部位置指针，其调用形式为：

```
fseek(文件指针,位移量,起始点);
```

其中：

- 文件指针：被移动的文件。
- 位移量：移动的字节数，要求位移量是 long 型数据，以便在文件长度大于 64KB 时不会出错。当用常量表示位移量时，要求加后缀 L。
- 起始点：从何处开始计算位移量。规定的起始点有三种：文件首、当前位置和文件尾。其表示符号见表 10.2。

表 10.2　位置指针起始点及表示符号

起始点	表示符号	数字表示
文件首	SEEK_SET	0
当前位置	SEEK_CUR	1
文件末尾	SEEK_END	2

例如：

```
fseek(fp,100L,0);
```

其意义是把位置指针移到离文件首 100 个字节处。需要说明的是，fseek 函数一般用于二进制文件。在文本文件中由于要进行转换，故往往计算的位置会出现错误。

例 10.7　对一个文本文件内容反序显示。

```
#include <stdio.h>
#include <stdlib.h>                          /*本句在 Tubro C 3.0 中可以省略*/
#define CNTL_Z '\032'                        /*宏定义文件结束标志*/
#define SLEN 50
int main(void)
{
    char file[SLEN];
    char ch;
    FILE *fp;
    long count, last;
    puts("Enter the name of the file to be processed:");
    gets(file);                              /*输入文件名*/
    putchar('\n');
    if((fp=fopen(file,"rb"))==NULL)          /*判断是否以二进制模式打开文件*/
    {
        printf("reverse can't open %s\n",file);
    vexit(1);
    }
    fseek(fp,0L,SEEK_END);                   /*文件指针跳到文件尾*/
    last=ftell(fp);
    for (count=0L;count<last;count++)        /*正序输出文件内容到屏幕*/
    {
        fseek(fp,count,SEEK_SET);            /*文件指针跳到文件头开始正向计数*/
        ch=getc(fp);
        if (ch!=CNTL_Z&&ch!='\r')
            putchar(ch);                     /*将文件指针所指字符输出到屏幕*/
    }
    putchar('\n');
    for(count=1L;count<=last;count++)        /*反序输出文件内容到屏幕*/
    {
        fseek(fp,-count,SEEK_END);           /*文件指针从文件尾开始反向计数*/
        ch=getc(fp);
```

```
        if(ch!=CNTL_Z&&ch!='\r')
            putchar(ch);
    }
    putchar('\n');
```

例 10.7 程序的执行过程如图 10.7 所示。

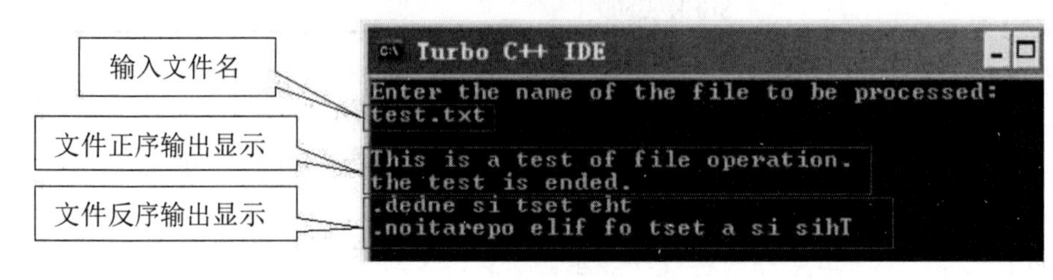

图 10.7　例 10.7 的执行过程

程序说明：

（1）图 10.7 中的文件正序输出显示的两行字符信息即 test.txt 文件内容。例 10.7 在文件打开之后使用了两个 for 循环，第一个实现了文件指针从文件内容的第一个字符依次读到最后一个字符，即正序读出；第二个实现文件内容的反序输出：从文件尾开始反序读出文件中字符。在两个 for 循环中都将文件指针指向的字符及时输出到屏幕。

（2）为了实现对文件指针的控制，程序使用了 fseek 函数和 ftell 函数。fseek 函数为文件定位函数，本程序中语句 fseek(fp,0L,SEEK_END); 表示文件指针跳到文件尾，距离文件尾 0 个偏移量（DOS 环境下即指向文件的最后一个字符：文件结束符）。

（3）打开文件函数中使用了 rb 参数，表示该文件以二进制模式打开，若以文本模式打开文件的话，有可能产生错误。

2. 文件的随机读写

在移动位置指针之后，即可用前面介绍的任一种读写函数进行读写。由于一般是读写一个数据块，因此常用 fread 函数和 fwrite 函数。

10.5　常用文件检测函数

C 语言中常用的文件检测函数有以下几个。

1. 文件结束检测函数 feof

feof 函数调用格式：

```
feof(文件指针);
```

功能：判断文件是否处于文件结束位置，如文件结束，则返回值为 1，否则为 0。

2. 读写文件出错检测函数 ferror

ferror 函数调用格式：

```
ferror(文件指针);
```

功能：检查文件在用各种输入/输出函数进行读写时是否出错。如 ferror 返回值为 0，表示未出错，否则表示有错。

3. 文件出错标志和文件结束标志置 0 函数 clearerr

clearerr 函数调用格式：

```
clearerr(文件指针);
```

功能：清除出错标志和文件结束标志，使它们为 0 值。

小结：常用文件函数

表 10.3　常用文件函数

分类	函数名	功能
打开文件	fopen()	打开文件
关闭文件	fclose()	关闭文件
文件定位	fseek()	改变文件位置指针的位置
	rewind()	使文件位置指针重新置于文件开头
文件读写	fgetc()	从指定文件获取一个字符
	fputc()	把一个字符输出到指定文件
	fgets()	从指定文件读取字符串
	fputs()	把字符串输出到指定文件
	fread()	从指定文件中读取数据项
	fwrite()	将数据项写到指定文件中
	fscanf()	从指定文件按格式输入数据
	fprintf()	按指定格式将数据写到指定文件中
文件状态	feof()	若到文件末尾，函数值为真（非 0）
	ferror()	若对文件操作出错，函数值为真（非 0）
	clcarerr()	使 ferror 和 feof 函数值为 0

10.6 小　结

本章主要介绍了文件相关方面的内容。C 系统中把文件按字节进行处理。C 文件按编码方式分为二进制文件和 ASCII 文件。

使用文件主要使用文件函数。文件在读写之前必须打开，读写结束后必须关闭，需要使用到文件的打开和关闭函数。

文件可按只读、只写、读写、追加四种操作方式打开，同时还必须指定文件的类型是二进制文件还是文本文件。在做这些操作时需要使用到文件的读写函数。

文件内部的位置指针可指示当前的读写位置，移动该指针可以对文件实现随机读写，此时需要使用到随机读写函数。当对文件进行检测操作时，需要使用到几个文件检测函数。

10.7 习　题

一、选择题

1．在 C 语言中，对文件操作的一般步骤是（　　）。

A．打开文件→读写文件→关闭文件

B．操作文件→修改文件→关闭文件

C．读写文件→打开文件→关闭文件

D．读文件→写文件→关闭文件

2．以下叙述中错误的是（　　）。

A．gets 函数用于从键盘读入字符串

B．getchar 函数用于从磁盘文件读入字符

C．fputs 函数用于把字符串输出到文件

D．fwrite 函数用于以二进制形式输出数据到文件

3．若调用 fputc 函数输出字符成功，则其返回值为（　　）。

A．EOF　　B．1　　C．输出的字符　　D．0

4．要从一个已存在的非空文件 file 中读取数据，正确的语句是（　　）。

A．fp = fopen("file", "r")

B．fp=fopen("file", "a+")

C．fp=fopen("file", "w")

D．fp=fopen("file", "r+")

5．fseek 函数用来移动文件的位置指针，其调用形式为（　　）。

A．fseek(位移方向，位移量，文件号)

B．fseek(文件号，位移量，起始点)

C．fseek(文件号，起始点，位移量，)

D．fseek(文件号，位移方向，位移量)

二、填空题

1．设有定义：FILE *fw；补充以下语句，可以向文本文件 readme.txt 的最后续写内容。

```
fw = fopen("readme.txt", "_____");
```

2．以下程序从文件 filea.dat 的文本文件中逐个读出字符并显示在屏幕上。请填空。

```
#include "stdio.h"
void main()
{
    FILE *fp;
    char ch;
    fp = fopen(__________);
    ch = fgetc(fp);
    while(!feof(fp))
```

```
    {
        putchar(ch);
        ch = fgetc(fp);
    }
    putchar("\n");
    fclose(fp);
}
```

三、程序设计题

1．编写程序，将两个文件的内容合并，放入第三个文件中。例如，有文件 s1.txt、s2.txt，将 s2.txt 的内容和 s1.txt 的内容连接起来放入到 s3.txt。三个文件名由用户在程序中录入。

2．写入 5 个学生记录，记录内容为学生姓名、学号和两科成绩。写入成功后，由用户输入一个记录，读取并显示指定记录的内容。

第 11 章　商品库存管理系统

11.1　设 计 目 的

本章运用现代信息化和智能化的管理方式，解决商品库存信息在日常生活中易于丢失、遗忘，不易保存和管理的问题，从而使商家能够方便地对商品信息进行增加、删除、修改等日常维护，并且能查询商品信息，从而更全面直观地了解商品库存信息。

通过本章项目的学习，读者能够掌握：

（1）如何实现菜单的显示、选择和响应等功能。

（2）如何将信息保存到指定的磁盘文件中，并通过操作文件指针和调用文件相关函数来实现对文件的读写操作。

（3）如何使用结构体封装商品属性信息。

（4）如何利用结构体数组记录多个商品信息。

（5）如何通过 C 语言实现基本的增、删、改、查等信息管理功能。

11.2　需 求 分 析

本章的具体任务是制作一个商品库存管理系统，能够对商品进行入库、出库、删除、修改、查询等操作，具体功能需求描述如下：

（1）商品入库：能够录入商品编号、名称、数量、价格、生产日期、供货商等信息，并支持连续输入多个商品信息。

（2）商品出库：用户输入要进行出库的商品编号，如果存在该商品，则可以输入要出库的商品数量，实现出库操作。

（3）删除商品信息：用户输入要进行删除的商品编号，如果找到该商品，则将该编号所对应的商品名称等各项信息均删除。

（4）修改商品信息：根据用户输入的商品编号找到该商品，若该商品存在，则可以修改商品的各项信息。

（5）查询商品信息：可以显示所有商品的信息，也可以输入商品编号查询某一个商品的信息。

11.3　总 体 设 计

商品库存管理系统主要包括 6 个功能模块，分别介绍如下：

（1）商品入库模块：自动显示系统中已有的商品信息，如果还没有商品，显示没有记录。提示用户是否需要入库，用户输入需要入库的商品编号，系统自动判断该商品是否已经存在，若存在则无法入库；若不存在，则提示用户输入商品的相关信息，一条商品的所有信息均输入完成之后，系统还会询问是否继续进行其他商品的入库操作。

（2）商品出库模块：自动显示系统已有的商品信息，并提示用户输入需要出库的商品编号，系统自动判断该商品是否已经存在，若存在则提示用户输入出库的数量；若不存在，则提示用户找不到该商品，无法进行出库操作。

（3）删除商品模块：自动显示系统中已有的商品信息，并提示用户输入需要删除的商品编号，系统自动判断该商品是否已经存在，若存在则提示用户是否删除该商品；若不存在则提示无法找到该商品。

（4）修改商品模块：自动显示系统中已有的商品信息，并提示用户输入需要修改的商品编号，系统自动判断该商品是否已经存在，若存在则提示用户输入新的商品信息；若不存在则提示无法找到该商品。

（5）查询商品模块：该模块通过用户输入的商品编号来查找商品，若存在则提示用户是否显示商品所有信息，若不存在则提示无法找到该商品。

（6）显示商品模块：该模块负责将所有商品的信息列表显示出来。

11.4　详细设计与实现

11.4.1　预处理及数据结构

1．头文件

本系统包含三个头文件，其中，stdlib.h 是标准库头文件，项目中用到的 system(cls)函数需要包含此头文件。conio.h 并不是 C 标准库中的文件，conio 是 Console Input/Output（控制台输入/输出）的简写，其中定义了通过控制台进行数据输入和数据输出的函数。

```
# include < stdio. h>    /*标准输入输出库头文件*/
# include < stdlib. h>   /*标准库头文件* /
# include < conio. h>    /*控制台输入输出库头文件*/
```

2．宏定义

三个宏定义使得程序更加简洁。其中，FORMAT 和 DATA 是为了对输出格式进行控制，格式说明由“%”和格式字符组成，如%d、%lf 等，它的作用是将输出的数据转换为指定的格式输出。

```
#define PRODUCT_LEN sizeof(struct Product)
#define FORMAT "%-8d%-15s%-15s%-15s%-12.1lf%-8d\n"
#define DATA astPro[i].iId,astPro[i].acName,astPro[i].acProducer,astPro[i].acDate,astPro[i].dPrice,
astPro[i].iAmount
```

3．结构体

本系统中定义了一个结构体 Product，用来封装商品的属性信息，包括商品编号、商品名称、商品生产商、商品生产日期、商品价格及商品数量。

```
struct Product                    /*定义商品结构体*/
{
    int   iId;                    /*商品代码*/
```

```
        char acName[15];            /*商品名称*/
        char acProducer[15];        /*商品生产商*/
        char acDate[15];            /*商品生产日期*/
        double dPrice;              /*商品价格*/
        int   iAmount;              /*商品数量*/
    };
```

4. 全局变量

本系统定义了一个结构体数组的全局变量，用于存放多个商品的信息。

```
    struct Product astPro[ 100];        /*定义结构体数组*/
```

11.4.2 主函数

1. 功能设计

主函数用于实现主菜单的显示，并响应用户对菜单项的选择。其中，主菜单为用户提供了 7 种不同的操作选项，当用户在界面上输入需要的操作选项时，系统会自动执行该选项对应的功能。某个功能执行完之后，还能自动回到主菜单，便于用户进行其他操作。

2. 实现代码

（1）函数声明部分。

```
    void   ShowMenu();
```

（2）函数实现部分。

1）main 函数。主函数运行后，首先调用菜单响应 ShowMenu 函数实现菜单的显示，选项 1～6 分别表示商品入库、商品出库、删除商品、修改商品、查询商品和显示商品。选择不同的菜单项则调用不同的功能函数，输入 0 则退出系统。

主函数主要使用了 switch 多分支选择结构，通过接收用户输入的选项值，与不同的 case 语句进行判断，并跳转到相匹配的 case 语句。如果输入的数字不在 0～6 之间，则没有相匹配的 case 语句，执行 default 语句，系统提示用户输入的数字不正确，用户可以按任意键回到主菜单中重新进行选择。主程序流程如图 11.1 所示。

```
    void main()                                         /*主函数*/
    {
        int iItem;
        ShowMenu();
        scanf("%d", &iItem);                            /*输入菜单项*/
        while (iItem)
        {
            switch (iItem)
            {
                case 1:InputProduct(); break;           /*商品入库*/
                case 2:OutputProduct(); break;          /*商品出库*/
                case 3:DeleteProduct(); break;          /*删除商品*/
                case 4:ModifyProduct(); break;          /*修改商品*/
                case 5:SearchProduct(); break;          /*查询商品*/
                case 6:ShowProduct(); break;            /*显示商品*/
                default:printf("input wrong number");   /*错误输入*/
            }
```

```
            getch();                                  /*读取键盘输入的任意字符*/
            ShowMenu();                               /*执行完功能再次显示菜单功能*/
            scanf("%d", &iItem);                      /*输入菜单项*/
        }
    }
```

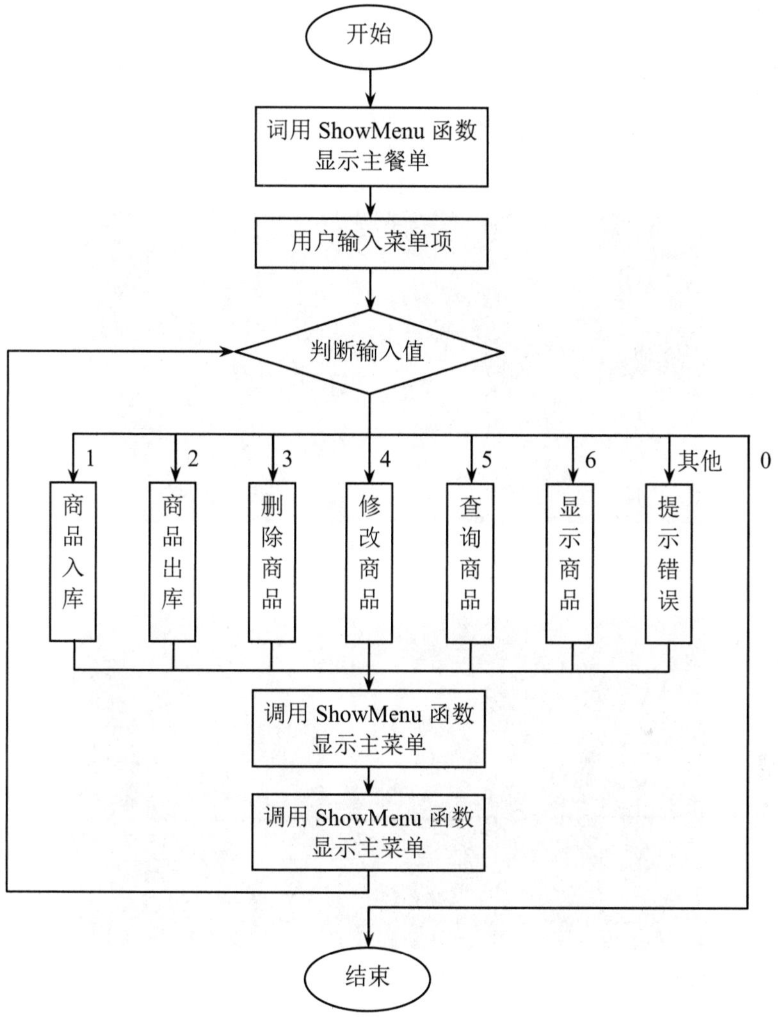

开始
调用 ShowMenu 函数显示主餐单
用户输入菜单项
判断输入值
1 商品入库
2 商品出库
3 删除商品
4 修改商品
5 查询商品
6 显示商品
其他 提示错误
0
调用 ShowMenu 函数显示主菜单
调用 ShowMenu 函数显示主菜单
结束

图 11.1　主函数程序流程

2）ShowMenu 函数。该函数用于显示系统主菜单的各个功能选项，并提示用户输入 0～6 之间的数字。其中，system("cls");语句用于清屏。

```
    void ShowMenu()                               /*自定义函数实现菜单功能*/
    {
        system("cls");
        printf("\n\n\n\n\n");
        printf("\t\t|---------------------PRODUCT-------------------|\n");
        printf("\t\t| 1. 商品入库                                  |\n");
        printf("\t\t| 2. 商品出库                                  |\n");
        printf("\t\t| 3. 删除商品                                  |\n");
```

```
        printf("\t\t| 4.  修改商品                              |\n");
        printf("\t\t| 5.  查询商品                              |\n");
        printf("\t\t| 6.  显示商品                              |\n");
        printf("\t\t| 0.  退出                                  |\n");
        printf("\t\t|-------------------------------------------|\n\n");
        printf("\t\t\t 请输入选择(0-6):");
    }
```

3．核心界面

菜单选择界面如图 11.2 所示。输入的值不在 0～6 之间，提示用户输入错误，如图 11.3 所示。

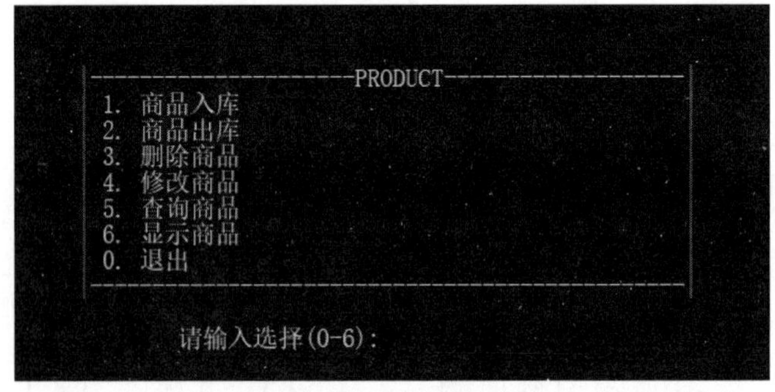

图 11.2　菜单选择界面

图 11.3　输入错误数字提醒界面

11.4.3　商品入库模块

1．功能设计

在主菜单界面输入 1，即可进入商品入库模块。首先展示系统中的商品信息，并提示用户是否录入，用户输入字符 y 或者 Y，则可以进行数据录入。输入商品编号，如果输入的商品编号已经存在，系统会提示用户该商品已经存在；若商品是第一次入库，用户则需陆续输入商品的名称、生产商、生产日期、价格和数量信息。

2．实现代码

（1）函数声明部分。

```
void InputProduct();          /*商品入库函数*/
```

（2）函数实现部分。

InputProduct 函数首先调用 ShowProduct 函数从文件中读取所有商品信息到结构体数组 astPro 中，并列表显示所有商品信息（该函数具体实现在 11.4.8 节中介绍），该函数返回文件中记录的商品的个数。之后通过 fopen 打开二进制文件，便于对新录入的数据以追加方式存入文件尾部。进行文件操作时，一定要记得在结束文件操作后通过 fclose 关闭文件。

通过循环遍历整个结构体数组判断新输入的商品编号是否与文件中已有商品编号重复，如果重复则不再输入，如果不重复，则录入各项数据后，通过 fwrite 函数将一个结构体记录一次性存入文件中。

借助循环可以连续录入商品信息。在使用 getchar 函数时，注意不要让之前输入时残留在内存缓冲区中的回车符干扰有效输入字符，所以可以额外加一个 getchar 函数将无效回车符取走。

```
void InputProduct()   /*商品入库函数*/
{
    int i, iMax = 0;   /*iMax 记录文件中的商品记录条数*/
    char cDecide;      /*存储用户输入的是否入库的判断字符*/
    FILE *fp;          /*定义文件指针*/
    iMax = ShowProduct();
    if ((fp = fopen("product.txt", "ab")) == NULL) {
        printf("can not open file\n");    /*提示无法打开文件*/
        return;
    }
    printf("如果输入商品信息请输入 y/Y :");
    getchar();    /*把选择 1 之后输入的回车符取走*/
    cDecide = getchar();    /*读一个字符*/
    while (cDecide == 'y' || cDecide == 'Y')   /*判断是否要录入新信息*/
    {
        printf("Id:");              /*输入商品编号*/
        scanf("%d", &astPro[iMax].iId);
        for (i = 0; i<iMax; i++)
          if (astPro[i].iId == astPro[iMax].iId)   /*若该商品已存在*/
          {
            printf("该商品 ID 已经存在，请按任意键继续!");
            getch();
            fclose(fp);   /*关闭文件，结束 input 操作*/
            return;
          }
        printf("Name:");                          /*输入商品名称*/
        scanf("%s", &astPro[iMax].acName);
        printf("Producer:");                      /*输入商品生产商*/
        scanf("%s", &astPro[iMax].acProducer);
        printf("Date(Example 15-5-1):");          /*输入商品生产日期*/
        scanf("%s", &astPro[iMax].acDate);
        printf("Price:");                         /*输入商品价格*/
        scanf("%lf", &astPro[iMax].dPrice);
```

```
        printf("Amount:");                          /*输入商品数量*/
        scanf("%d", &astPro[iMax].iAmount);
    if (fwrite(&astPro[iMax], PRODUCT_LEN, 1, fp) != 1)
    {
            printf("can not save!\n");
            getch();        /*等待敲键盘，显示上一句话*/
        }
        else
        {
            printf("商品 Id %d 已经保存\n", astPro[iMax].iId);   /*成功入库*/
            iMax++;
        }
        printf("请输入 y/Y 继续输入商品信息:");     /*询问是否继续*/
        getchar();      /*把输入商品数量之后的回车符取走*/
        cDecide = getchar();    /*判断是否为 y/Y,继续循环*/
    }
    fclose(fp);         /*不再继续录入，关闭文件*/
    printf("输入结束!\n");
}
```

3. 核心界面

商品连续录入界面如图 11.4 所示，重复入库的提醒界面如图 11.5 所示。

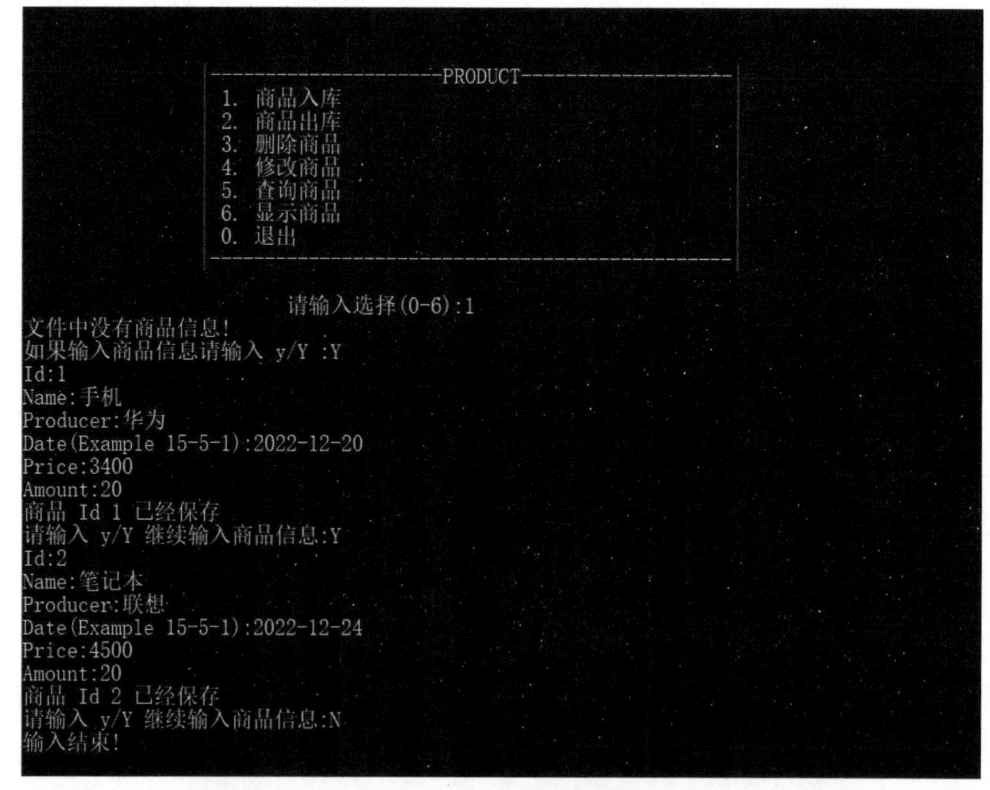

图 11.4　商品连续入库界面

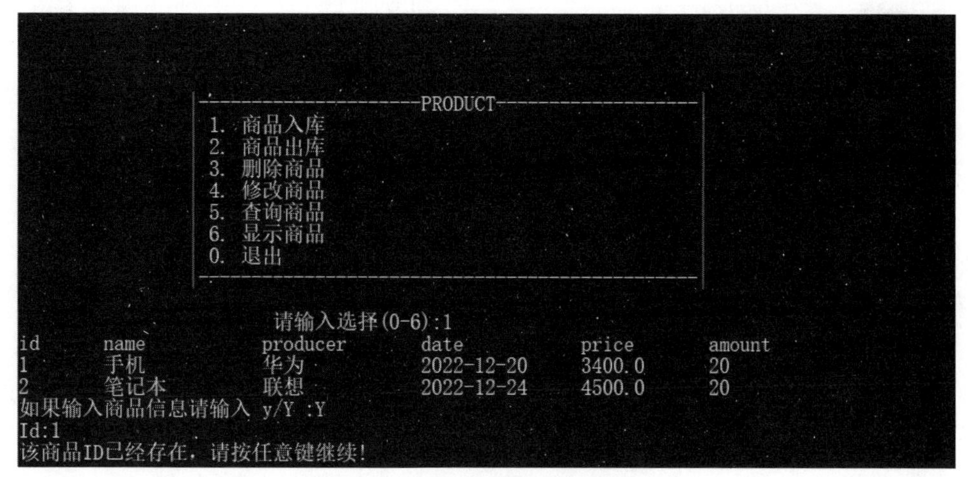

图 11.5　商品重复入库提醒界面

11.4.4　商品出库模块

1. 功能设计

在主菜单的界面中输入 2，即可进入商品出库模块。首先展示系统中所有的商品信息，并提示用户输入要出库的商品编号。一旦商品编号确实是系统中已有的商品编号，则可以对该商品的数量进行修改。用户可以输入要出库的商品数量，如果用户输入的数量比商品的实际库存还要大，则自动将商品库存变成 0。最后显示出库操作后所有商品的信息列表。

2. 实现代码

（1）函数声明部分。

```
OutputProduct();        /*商品出库函数*/
```

（2）函数实现部分。

OutputProduct 函数中首先调用 ShowProduct 函数，如果函数返回值为-1 表示文件没有正常打开；如果函数返回值为 0，表示文件中没有记录任何商品信息。这两种情况都不能实现对商品进行出库操作，因此需要提醒用户。

该函数还用到了 fseek 函数，可以将文件指针精确定位到文件的某个位置，便于将修改了数量信息的商品条目单条存入文件，不影响文件中该记录前后的数据信息。

```
void OutputProduct()        /*商品出库函数*/
{
    FILE *fp;
    int iId, i, iMax = 0, iOut = 0;    /*iId 为商品编号，iOut 为要出库的商品数量*/
    char cDecide;             /*存储用户输入的是否出库的判断字符*/
    iMax = ShowProduct();
    if (iMax <= -1)         /*若文件不存在或者没有记录，不能进行出库操作*/
    {
        printf("please input first!");
        return;
    }
    printf("请输入商品 id:");
```

```
        scanf("%d", &iId);          /*输入要出库的商品编号*/
        for (i = 0; i < iMax; i++)
        {
            if (iId == astPro[i].iId)      /*如果找到该商品*/
            {
                printf("找到该商品请按 y/Y 对商品出库:");
                getchar();
                cDecide = getchar();
                if (cDecide == 'y' || cDecide == 'Y')      /*判断是否要进行出库*/
                {
                    printf("请输入出库数量:");
                    scanf("%d", &iOut);
                    astPro[i].iAmount = astPro[i].iAmount - iOut;
                    if (astPro[i].iAmount < 0)      /*要出库的数量比实际库存量还小*/
                    {
                        printf("出库数量比实际库存量大，出库后的库存量置 0!\n");
                        astPro[i].iAmount = 0;      /*出库后的库存量置为 0*/
                    }
                    if ((fp = fopen("product.txt", "rb+")) == NULL)
                    {
                        printf("can not open file\n");    /*提示无法打开文件*/
                        return;
                    }
                    fseek(fp, i*PRODUCT_LEN, 0);
                    if (fwrite(&astPro[i], PRODUCT_LEN, 1, fp) != 1)
                    {
                        printf("can not save file!\n");
                        getch();
                    }
                    fclose(fp);
                    printf("出库成功!\n");
                    ShowProduct();      /*显示出库后的所有商品信息*/
                }
                return;
            }
        }
        printf("没有找到该商品！ \n");      /*如果没有找到该商品，提示用户*/
    }
```

3. *核心界面*

编号为 2 的商品一开始数量为 20，输入的出库数量为 10 后，显示该商品的数量为 10，如图 11.6 所示。编号为 1 的商品开始库存量为 20，输入的出库数量为 300，大于库存量，则最终库存量变为 0，如图 11.7 所示。

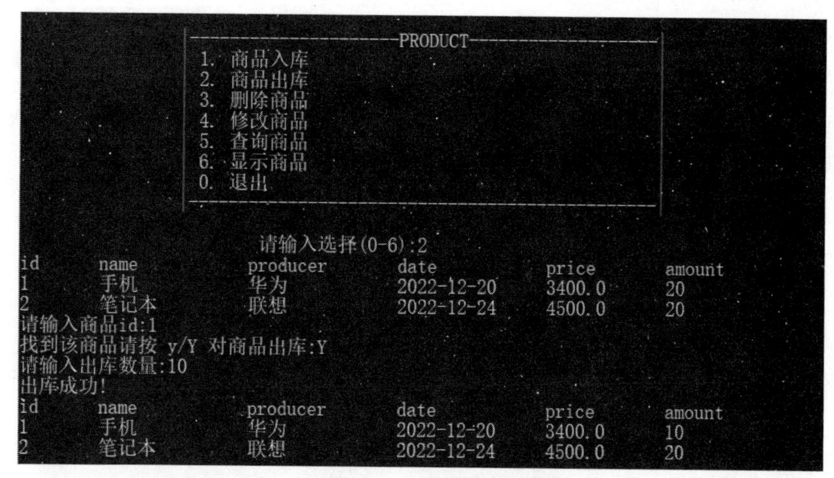

图 11.6　商品出库界面

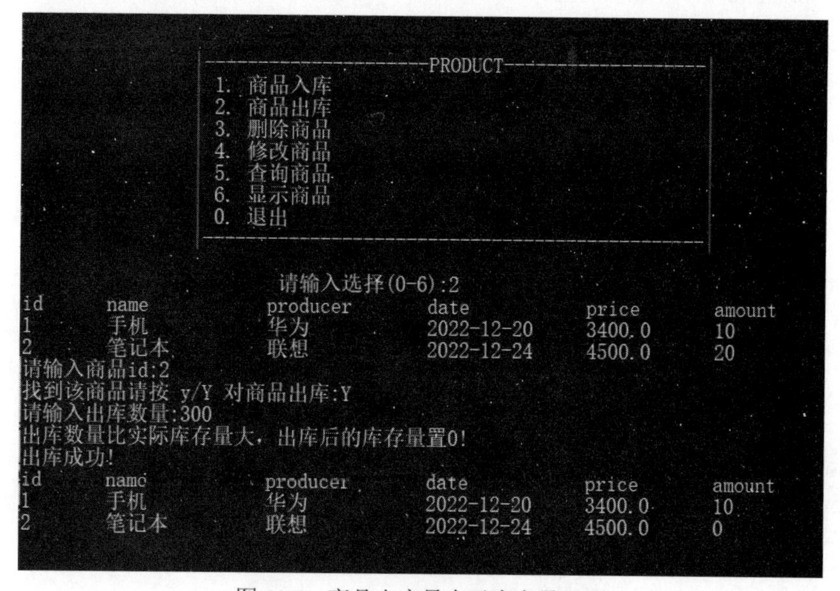

图 11.7　商品出库量大于库存量界面

11.4.5　删除商品模块

1. 功能设计

在主菜单的界面中输入 3，即可进入删除商品模块。同样先显示所有商品信息，若文件不存在或者没有记录，则不能进行删除操作。用户输入要删除的商品编号，系统会自动将该编号对应的商品条目彻底从文件中删除，最后会显示删除后的商品信息列表。

2. 实现代码

（1）函数声明部分。

```
void DeleteProduct();    /*删除商品函数*/
```

（2）函数实现部分。

DeleteProduct 函数中的关键技术在于一旦在结构体数组中找到要删除的商品编号，则对数组中该编号后续的商品逐条存到前一个位置中，并记录商品条目数 iMax-1。之后，通过只写方式打开二进制文件，该方式可以对已经存在的文件进行先删除后建立新文件，从而将删除后的商品条目重新写到新文件中。借助循环操作，可以将 iMax 个商品条目逐条写入文件。

```
void DeleteProduct()        /*删除商品函数*/
{
    FILE *fp;
    int i, j, iMax = 0, iId;
    iMax = ShowProduct();
    if (iMax <= -1)     /*若文件不存在或者没有记录，不能进行出库操作*/
    {
        printf("please input first!");
        return;
    }
    printf("请输入要删除商品的 id：");
    scanf("%d", &iId);
    for (i = 0; i<iMax; i++)
    {
        if (iId == astPro[i].iId)   /*检索是否存在要删除的商品*/
        {
            for (j = i; j < iMax; j++)
                astPro[j] = astPro[j + 1];
            iMax--;
            /*用只写方式打开文件，文件存在则先删除并创建一个新文件*/
            if ((fp = fopen("product.txt", "wb")) == NULL)
            {
                printf("can not open file\n");
                return;
            }
            /*将新修改的信息写入指定的磁盘文件中*/
            for (j = 0; j<iMax; j++)
                if (fwrite(&astPro[j], PRODUCT_LEN, 1, fp) != 1)
                {
                    printf("can not save!");
                    getch();
                }
            fclose(fp);
            printf("删除成功!\n");
            ShowProduct();     /*显示删除后的所有商品信息*/
            return;
        }
    }
    printf("can not find the product！ \n");
}
```

3. 核心界面

系统中原有 2 种商品，选择编号为 2 的商品删除，最后显示剩余 1 种商品，如图 11.8 所示。若文件不存在，则提示需要先输入商品数据。

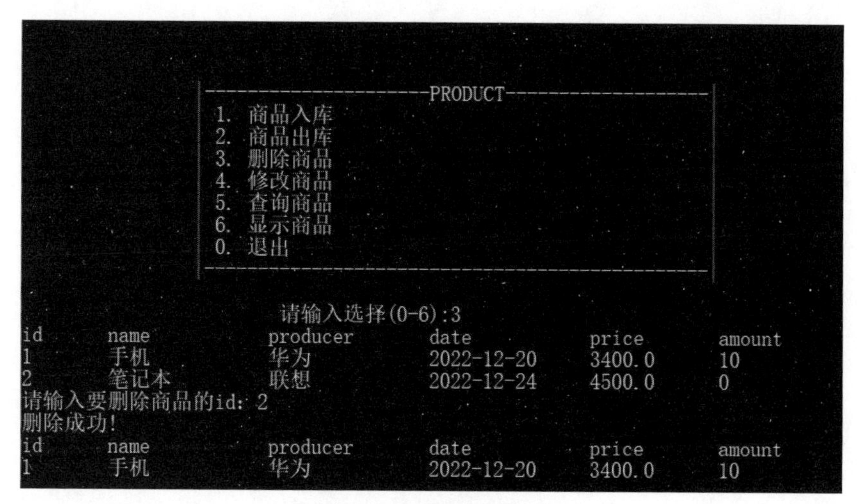

图 11.8　删除商品界面

11.4.6　修改商品模块

1. 功能设计

在主菜单的界面中输入 4，即可进入修改商品模块。和商品出库模块的不同之处在于，商品出库仅修改商品库存量，而修改商品模块可以修改商品信息的各个字段的数据。因此，程序提示用户输入要修改的商品编号，如果此编号的商品存在，系统会自动提示用户输入要修改的各项商品信息。最后显示修改后的所有商品信息。

2. 实现代码

（1）函数声明部分。

```
void ModifyProduct();        /*修改商品函数*/
```

（2）函数实现部分。

ModifyProduct 函数的实现过程与商品出库模块类似，逐条输入商品的新属性信息之后，用 feekb 函数定位和 fwrite 函数写入被修改的商品条目，不影响文件中该条目前后的其他数据。

```
void ModifyProduct()         /*修改商品函数*/
{
    FILE *fp;
    int i, iMax = 0, iId;
    iMax = ShowProduct();
    if (iMax <= -1)     /*若文件不存在或者没有记录，不能进行出库操作*/
    {
        printf("please input first!");
        return;
    }
```

```
    printf("请输入需要修改商品的 id:");
    scanf("%d", &iId);
    for (i = 0; i<iMax; i++)
    {
        if (iId == astPro[i].iId)        /*检索记录中是否有要修改的商品*/
        {
            printf("找到该商品，你可以修改该商品信息!\n");
            printf("id:");
            scanf("%d", &astPro[i].iId);
            printf("Name:");
            scanf("%s", &astPro[i].acName);
            printf("Producer:");
            scanf("%s", &astPro[i].acProducer);
            printf("Date:");
            scanf("%s", &astPro[i].acDate);
            printf("Price:");
            scanf("%lf", &astPro[i].dPrice);
            printf("Amount:");
            scanf("%d", &astPro[i].iAmount);
            if ((fp = fopen("product.txt", "rb+")) == NULL)
            {
                printf("can not open\n");
                return;
            }
            fseek(fp, i*PRODUCT_LEN, 0);
            /*将新修改的信息写入指定的磁盘文件中*/
            if (fwrite(&astPro[i], PRODUCT_LEN, 1, fp) != 1)
            {
                printf("can not save!");
                getch();
            }
            fclose(fp);
            printf("修改成功\n");
            ShowProduct();        /*显示修改后的所有商品信息*/
            return;
        }
    }
    printf("can not find information！ \n");
}
```

3．核心界面

修改商品信息界面如图 11.9 所示，图中修改了编号为 1 的商品的价格信息。

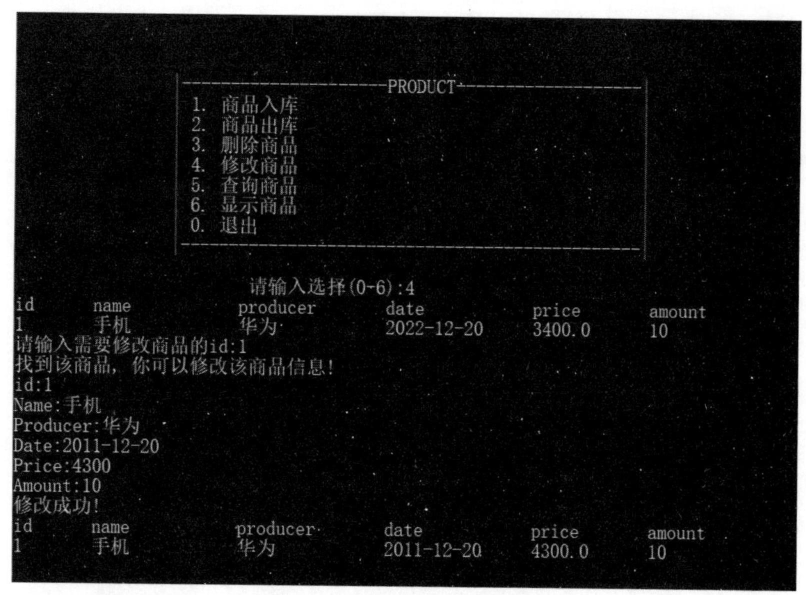

图 11.9　修改商品信息界面

11.4.7　查询商品模块

1. 功能设计

在主菜单的界面中输入 5，即可进入查询商品模块。查询时根据用户输入的商品编号进行查询，若查询的商品存在，则会提示用户找到该商品，询问是否查看详细信息显示。用户选择“是”，则显示商品的各种信息。如果查不到该商品，则提示用户找不到商品信息。

2. 实现代码

（1）函数声明部分。

```
void SearchProduct();      /*查找商品函数*/
```

（2）函数实现部分。

SearchProduct 函数借助循环判断用户输入的商品编号是否存在于结构体数组中，如果能找到，则显示该条商品信息。其中，printf 函数中的 FORMAT 和 DATA 均为定义的符号常量。

```
void SearchProduct()             /*查找商品函数*/
{
    //FILE *fp;
    int iId, i, iMax = 0;
    char cDecide;
    iMax = ShowProduct();
    if (iMax <= -1)       /*若文件不存在或者没有记录，不能进行出库操作*/
    {
        printf("please input first!");
        return;
    }
    printf("请输入要查询的商品的 id:");
    scanf("%d", &iId);
    for (i = 0; i<iMax; i++)
```

```
        if (iId == astPro[i].iId)       /*查找输入的编号是否在记录中*/
        {
            printf("找到该商品,请按 y/Y to  显示商品信息:");
            getchar();
            cDecide = getchar();
            if (cDecide == 'y' || cDecide == 'Y')
            {
                printf("id      name    producer    date    price       amount\n");
                printf(FORMAT, DATA);   /*将查找出的结果按指定格式输出*/
                return;
            }
        }
        printf("没有找到该商品！");                  /*未找到要查找的信息*/
    }
```

3. 核心界面

查询编号为 1 的商品时，由于该商品存在，显示查询结果如图 11.10 所示；如果输入要查询的商品编号不存在，则提示用户找不到该商品，查询结果如图 11.11 所示。

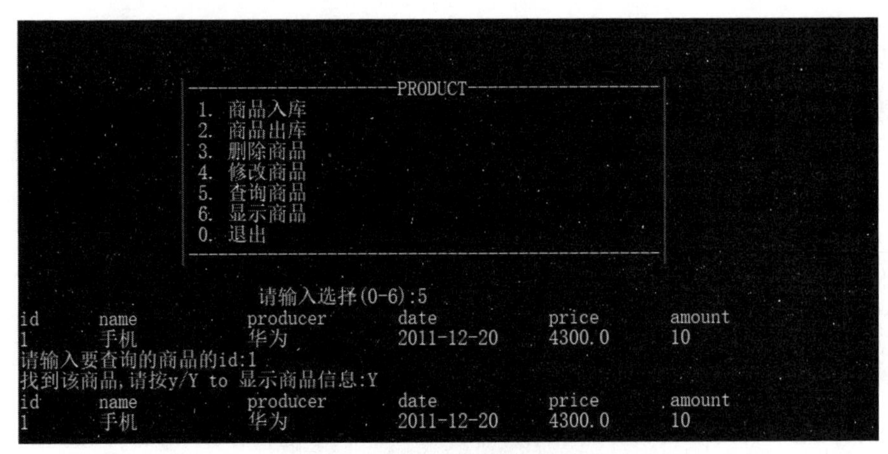

图 11.10　查询到商品信息界面

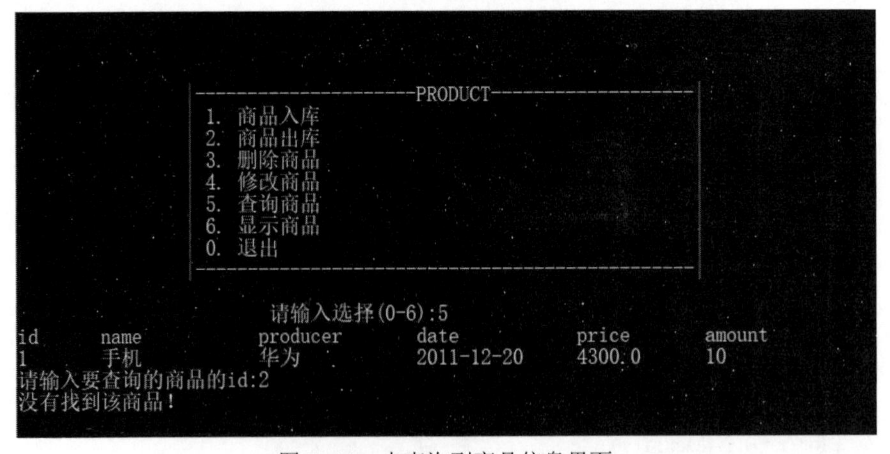

图 11.11　未查询到商品信息界面

11.4.8 显示商品模块

1. 功能设计

在主菜单的界面中输入 6，即可显示所有商品信息。通过列表的方式，显示商品的各个属性及每一条商品记录。

2. 实现代码

（1）函数声明部分。

```
int ShowProduct();   /*显示所有商品信息*/
```

（2）函数实现部分。

ShowProduct 函数从文件中读取数据，首先通过只读方式打开二进制文件，如果文件不存在，则打开失败，不会自动生成文件。借助循环逐条从文件中读取数据到结构体数组 astPro 中，并记录 iMax 的值。读取操作结束后，及时用 fclose 函数关闭文件。如果 iMax 值为 0，表示文件中没有记录，需要提示用户，否则借助循环逐条将 astPro 数组中的数据显示在屏幕上。

```
int ShowProduct()                /*显示所有商品信息*/
{
    int i, iMax = 0;
    FILE *fp;
    /*以只读方式打开一个二进制文件*/
    if ((fp = fopen("product.txt", "rb")) == NULL)
    {
        printf("can not open file\n");      /*提示无法打开文件*/
        return -1;
    }
    while (!feof(fp))                /*判断文件是否结束*/
        if (fread(&astPro[iMax], PRODUCT_LEN, 1, fp) == 1)
            iMax++;                  /*统计文件中记录条数*/
    fclose(fp);                      /*读完后及时关闭文件*/
    if (iMax == 0)                   /*文件中没有记录时提示用户*/
        printf("文件中没有商品信息!\n");
    else    /*文件中有记录时显示所有商品信息*/
    {
    printf("id name producer date price amount\n");
        for (i = 0; i < iMax; i++)
        {
            printf(FORMAT, DATA);        /*将信息按指定格式打印*/
        }
    }
    return iMax;
}
```

3. 核心界面

显示所有商品信息的界面如图 11.12 所示。

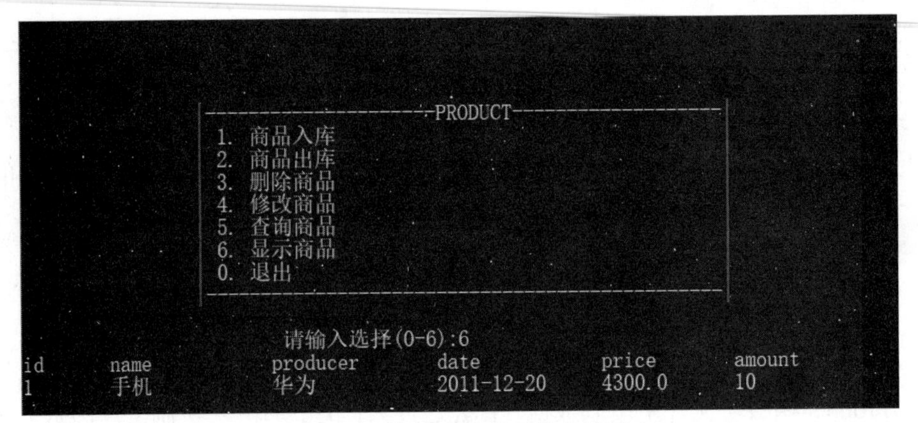

图 11.12 显示所有商品信息界面

11.5 设计总结

本章开发的商品库存管理系统能够实现常规信息管理系统中必要的增、删、改、查等操作。通过商品库存管理系统，介绍了开发一个 C 语言信息管理系统的流程和技术，比如如何显示主功能菜单和响应用户输入、如何保存商品信息到文件、如何将文件中的数据读取到内存中、如何使用结构体数组保存不同的商品信息等。读者还可以在本系统的基础上实现更多的功能，如对商品库存信息的排序以及统计等。

附录 A　C 语言关键字

关键字	含义	关键字	含义
auto	声明自动变量	long	长整型类型符
continue	结束当前循环，开始下一轮循环	union	共用体类型符
enum	枚举类型符	sizeof	计算数据类型长度
if	条件语句	char	字符型类型符
switch	开关语句	double	双精度浮点型类型符
volatile	说明变量在程序执行中可被隐含地改变	for	循环语句
break	跳出当前循环	register	声明寄存器变量
default	开关语句中的“默认”分支	unsigned	无符号类型符
extern	声明变量或函数是在其他文件或本文件的其他位置定义	static	声明静态变量
int	整型类型符	const	声明只读变量
typedef	用以给数据类型取别名	else	条件语句否定分支
while	循环语句	goto	无条件跳转语句
case	开关语句分支	return	子程序返回语句
do	循环语句的循环体	struct	声明结构体类型
float	浮点型类型符	void	声明函数无返回值或无参数，声明无类型指针

附录 B　ASCII 码表

10 进制	8 进制	16 进制	2 进制	键	ASCII 字符
0	0	00	00000000	CTRL+2	null
1	1	01	00000001	CTRL+A	☺
2	2	02	00000010	CTRL+B	☻
3	3	03	00000011	CTRL+C	♥
4	4	04	00000100	CTRL+D	♦
5	5	05	00000101	CTRL+E	♣
6	6	06	00000110	CTRL+F	♠
7	7	07	00000111	beep	•
8	10	08	00001000	backspace	◘
9	11	09	00001001	tab	○
10	12	0a	00001010	newline	◙
11	13	0b	00001011	CTRL+K	♂
12	14	0c	00001100	CTRL+L	♀
13	15	0d	00001101	enter	♪
14	16	0e	00001110	CTRL+N	♫
15	17	0f	00001111	CTRL+O	☼
16	20	10	00010000	CTRL+P	►
17	21	11	00010001	CTRL+Q	◄
18	22	12	00010010	CTRL+R	↕
19	23	13	00010011	CTRL+S	‼
20	24	14	00010100	CTRL+T	¦
21	25	15	00010101	CTRL+U	§
22	26	16	00010110	CTRL+V	▬
23	27	17	00010111	CTRL+W	↨
24	30	18	00011000	CTRL+X	↑
25	31	19	00011001	CTRL+Y	↓
26	32	1a	00011010	CTRL+Z	→
27	33	1b	00011011	esc	←
28	34	1c	00011100	CTRL+\	∟
29	35	1d	00011101	CTRL+]	↔
30	36	1e	00011110	CTRL+6	▲

续表

10 进制	8 进制	16 进制	2 进制	键	ASCII 字符
31	37	1f	00011111	CTRL+-	▼
32	40	20	00100000	spacebar	sp
33	41	21	00100001	!	!
34	42	22	00100010	"	"
35	43	23	00100011	#	#
36	44	24	00100100	$	$
37	45	25	00100101	%	%
38	46	26	00100110	&	&
39	47	27	00100111	'	'
40	50	28	00101000	(	(
41	51	29	00101001	)	)
42	52	2a	00101010	*	*
43	53	2b	00101011	+	+
44	54	2c	00101100	,	,
45	55	2d	00101101	-	-
46	56	2e	00101110	.	.
47	57	2f	00101111	/	/
48	60	30	00110000	0	0
49	61	31	00110001	1	1
50	62	32	00110010	2	2
51	63	33	00110011	3	3
52	64	34	00110100	4	4
53	65	35	00110101	5	5
54	66	36	00110110	6	6
55	67	37	00110111	7	7
56	70	38	00111000	8	8
57	71	39	00111001	9	9
58	72	3a	00111010	:	:
59	73	3b	00111011	;	;
60	74	3c	00111100	<	<
61	75	3d	00111101	=	=
62	76	3e	00111110	>	>
63	77	3f	00111111	?	?
64	100	40	01000000	@	@

续表

10 进制	8 进制	16 进制	2 进制	键	ASCII 字符
65	101	41	01000001	A	A
66	102	42	01000010	B	B
67	103	43	01000011	C	C
68	104	44	01000100	D	D
69	105	45	01000101	E	E
70	106	46	01000110	F	F
71	107	47	01000111	G	G
72	110	48	01001000	H	H
73	111	49	01001001	I	I
74	112	4a	01001010	J	J
75	113	4b	01001011	K	K
76	114	4c	01001100	L	L
77	115	4d	01001101	M	M
78	116	4e	01001110	N	N
79	117	4f	01001111	O	O
80	120	50	01010000	P	P
81	121	51	01010001	Q	Q
82	122	52	01010010	R	R
83	123	53	01010011	S	S
84	124	54	01010100	T	T
85	125	55	01010101	U	U
86	126	56	01010110	V	V
87	127	57	01010111	W	W
88	130	58	01011000	X	X
89	131	59	01011001	Y	Y
90	132	5a	01011010	Z	Z
91	133	5b	01011011	[	[
92	134	5c	01011100	\	\
93	135	5d	01011101	]	]
94	136	5e	01011110	^	^
95	137	5f	01011111	_	_
96	140	60	01100000	`	`
97	141	61	01100001	a	a
98	142	62	01100010	b	b

续表

10 进制	8 进制	16 进制	2 进制	键	ASCII 字符
99	143	63	01100011	c	c
100	144	64	01100100	d	d
101	145	65	01100101	e	e
102	146	66	01100110	f	f
103	147	67	01100111	g	g
104	150	68	01101000	h	h
105	151	69	01101001	i	i
106	152	6a	01101010	j	j
107	153	6b	01101011	k	k
108	154	6c	01101100	l	l
109	155	6d	01101101	m	m
110	156	6e	01101110	n	n
111	157	6f	01101111	o	o
112	160	70	01110000	p	p
113	161	71	01110001	q	q
114	162	72	01110010	r	r
115	163	73	01110011	s	s
116	164	74	01110100	t	t
117	165	75	01110101	u	u
118	166	76	01110110	v	v
119	167	77	01110111	w	w
120	170	78	01111000	x	x
121	171	79	01111001	y	y
122	172	7a	01111010	z	z
123	173	7b	01111011	{	{
124	174	7c	01111100	|	|
125	175	7d	01111101	}	}
126	176	7e	01111110	~	~
127	177	7f	01111111	CTRL+←	Δ

注：字符 0～31 和 127 是控制字符；32～126 是键盘上的键符；128～255（即 8 位一个字节最高位设置 1）是 IBM（International Business Machine，美国国际商用机器公司）自定义扩展字符，在此未列出。

附录C　C语言运算符

<table>
<tr><th>优先级</th><th>运算符</th><th>含义</th><th>对象个数</th><th>结合方向</th></tr>
<tr><td>1</td><td>( )，[ ]，->，.(点)</td><td>圆括号，下标运算符，指向结构体成员运算符，结构体成员运算符</td><td>—</td><td>自左至右</td></tr>
<tr><td>2</td><td>!，~，++，--，-
()(类型)，* &，sizeof</td><td>逻辑非运算符，按位取反运算符，自增运算符，自减运算符，负号运算符，类型转换运算符，指针运算符取地址运算符，长度运算符</td><td>1（单目运算符）</td><td>自右至左</td></tr>
<tr><td>3</td><td>*，/，%</td><td>乘法运算符，除法运算符，求余运算符</td><td>2（双目运算符）</td><td>自左至右</td></tr>
<tr><td>4</td><td>+，-</td><td>加法运算符，减法运算符</td><td>2（双目运算符）</td><td>自左至右</td></tr>
<tr><td>5</td><td><<，>></td><td>左移运算符，右移运算符（移动几位就对自己相应运算几次）例如：2<<(2)=8</td><td>2（双目运算符）</td><td>自左至右</td></tr>
<tr><td>6</td><td><，<=，>，>=</td><td>关系运算符</td><td>2（双目运算符）</td><td>自左至右</td></tr>
<tr><td>7</td><td>==，!=</td><td>等于运算符，不等于运算符</td><td>2（双目运算符）</td><td>自左至右</td></tr>
<tr><td>8</td><td>&</td><td>按位与运算符</td><td>2（双目运算符）</td><td>自左至右</td></tr>
<tr><td>9</td><td>^</td><td>按位异或运算符</td><td>2（双目运算符）</td><td>自左至右</td></tr>
<tr><td>10</td><td>|</td><td>按位或运算符</td><td>2（双目运算符）</td><td>自左至右</td></tr>
<tr><td>11</td><td>&&</td><td>逻辑与运算符</td><td>2（双目运算符）</td><td>自左至右</td></tr>
<tr><td>12</td><td>||</td><td>逻辑或运算符</td><td>2（双目运算符）</td><td>自左至右</td></tr>
<tr><td>13</td><td>? :</td><td>条件运算例如：a=(4>5?4:5)</td><td>3（三目运算符）</td><td>自右至左</td></tr>
<tr><td>14</td><td>=，+=，-=，*=，/=，%=，
>>=，<<=，&=，^=，|=</td><td>赋值运算符</td><td>2（双目运算符）</td><td>自右至左</td></tr>
<tr><td>15</td><td>,</td><td>逗号运算符</td><td>—</td><td>自左至右</td></tr>
</table>

附录D　C语言常用库函数

1．数学函数

头文件：math.h

函数名	函数原型	功能	返回值	说明
abs	Int abs(int x)	求整数 x 的绝对值	计算结果	—
acos	double acos(double x);	计算 $\cos^{-1}(x)$的值	计算结果	x 应在-1 到 1 之间
asin	double asin(double x);	计算 $\sin^{-1}(x)$的值	计算结果	x 应在-1 到 1 之间
atan	double atan(double x);	计算 $\tan^{-1}(x)$的值	计算结果	—
atan2	double atan2(double x,double y);	计算 $\tan^{-1}(x/y)$的值	计算结果	—
cos	double cos(double x);	计算 cos(x)的值	计算结果	x 的单位为弧度
cosh	double cosh(double x);	计算 x 的双曲余弦 cosh(x)的值	计算结果	—
exp	double exp(double x);	求 e^x 的值	计算结果	—
fabs	double floor(double x);	求 x 的绝对值	计算结果	—
floor	double floor(double x);	求出不大于 x 的最大整数	该整数的双精度实数	—
fmod	double fmod(double x,double y);	求整除 x/y 的余数	返回余数的双精度数	—
frexp	double frexp(double val,int *eptr);	把双精度 val 分解为数字部分（尾数）x 和以 2 为底的指数 n	返回数字部分 x（$0.5 \leqslant x < 1$）	—
log	double log(double x);	计算 $\log_e x$，即 ln x	计算结果	—
log10	double log10(double x);	计算 $\log_{10} x$	计算结果	—
modf	double modf(double x,double *iptr);	把双精度 val 分解为整数部分和小数部分，把整数部分存到 iptr 指向的单元	Val 的小数部分	—
pow	double pow(double x,double y);	计算 x^y 的值	计算结果	—
rand	int rand(void);	产生-90 到 32767 之间的随机整数	随机整数	—
sin	double sin(double x);	计算 sin x 的值	计算结果	x 的单位为弧度
sinh	double sinh(double x);	计算 x 的双曲正弦函数 sinh(x)的值	计算结果	—
sqrt	double sqrt(double x);	计算 $\sqrt{x}$ 的值	计算结果	x 应小于等于 0
tan	double tan(double x);	计算 tanh(x)的值	计算结果	x 的单位为弧度
tanh	double tanh(double x);	计算 x 的双曲正切函数 tanh(x)的值	计算结果	—

2. 字符函数和字符串函数

函数名	函数原型	功能	返回值	包含文件
isalnum	int isalnum (int ch);	检查 ch 是否是字母（alpha）或数字（number）	是字母或数字返回 1，否则返回 0	ctype.h
isalpha	int isalpha(int ch);	检查 ch 是否为字母	是，返回 1； 否，返回 0	ctype.h
iscntrl	int iscntrl (int ch);	检查 ch 是否控制字符（其 ASCII 码在 0x00 和 0x1F 之间）	是，返回 1； 否，返回 0	ctype.h
isdigit	int isdigit (int ch);	检查 ch 是否为数字（0～9）	是，返回 1； 否，返回 0	ctype.h
isgraph	int isgraph (int ch);	检查 ch 是否可打印字符（其 ASCII 码在 0x21 到 0x7E 之间），不包括空格	是，返回 1； 否，返回 0	ctype.h
islower	int islower (int ch);	检查 ch 是否小写字母（a～z）	是，返回 1； 否，返回 0	ctype.h
isprint	int isprint (int ch);	检查 ch 是否可打印字符（包括空格），起 ASCII 码在 0x20 到 0x7E 之间	是，返回 1； 否，返回 0	ctype.h
ispunct	int ispunct (int ch);	检查 ch 是否可打印字符（包括空格），即除字母、数字和空格以外的所有可打印字符	是，返回 1； 否，返回 0	ctype.h
isspace	int isspace (int ch);	检查 ch 是否空格、跳格符（制表符）或换行符	是，返回 1； 否，返回 0	ctype.h
isupper	int isupper (int ch);	检查 ch 是否大写字母（A～Z）	是，返回 1； 否，返回 0	ctype.h
isxdigit	int isxdigit (int ch);	检查 ch 是否一个十六进制数字字符（即 0～9，或 A 到 F，或 a～f）	是，返回 1； 否，返回 0	ctype.h
strcat	char *strcat (char *str1, char *str2)	把字符串 str2 接到 str1 后面，str1 最后面的'\0'被取消	返回 str1	string.h
strchr	char *strchr (char *str, int ch);	找出 str 指向的字符串中第一次出现字符 ch 的位置	返回指向该位置的指针，如找不到，则返回空指针	string.h
strcmp	int strcmp (char *str1, char * *str2);	比较两个字符串 str1、str2	str1< str2，返回负数。 str1= str2，返回 0。 str1> str2，返回正数	string.h
strcpy	char * strcpy (char *str1, char *str2);	把 str2 指向的字符串拷贝到 str1 中去	返回 str1	string.h
strlen	unsigned int strlen (char *str);	统计字符串 str 中字符的个数（不包括终止符'\0'）	返回字符个数	string.h
ctrstr	char *strstr (char *str1, char *str2);	找出 str2 字符串在 str1 字符串中第一次出现的位置（不包括 str2 的串结束符）	返回该位置的指针。如找不到，返回空指针	string.h
tolower	int tolower (int ch);	将 ch 字符转换为小写字母	返回 ch 所代表的字符的小写字母	ctype.h
toupper	int toupper (int ch);	将 ch 字符转换成大写字母	返回与 ch 相应的大写字母	ctype.h

3. 输入输出函数

头文件：stdio.h

函数名	函数原型	功能	返回值	说明
clearer	void clearer (FILE * fp);	清除与文件指针 fp 有关的所有出错信息	—	—
close	int close (int fp);	关闭文件	关闭成功返回 0，否则返回-1	非 ANSI 标准
creat	int creat (char * filename, int mode);	以 mode 所指定的方式建立文件	成功返回正数，否则返回-1	非 ANSI 标准
eof	int eof (int fd);	检查文件是否结束	遇文件结束，返回 1；否则返回 0	非 ANSI 标准
fclose	int fclose(FILE *fp);	关闭 fp 所指的文件，释放文件缓冲区	有错返回非 0，否则返回 0	—
feof	int feof (FILE *fp);	检查文件是否结束	遇文件结束返回非零值，否则返回 0	—
fgetc	int fgetc (FILE *fp);	从 fp 所指定的文件中取得下一个字符	返回所得到的字符。若读入出错，返回 EOF	—
fgets	char * fgets (char * buf, int n, FILE * fp);	从 fp 指向的文件读取一个长度为（n-1）的字符串，存入起始地址为 buf 的空间	返回地址 buf，若遇文件结束或出错，返回 NULL	—
fopen	FILE * fopen (char * filename, char * mode);	以 mode 指定的方式打开名为 filename 的文件	成功返回一个文件指针（文件信息区的起始地址），否则返回 0	—
fprintf	int fprintf (FILE * fp, char * format, args, ...);	把 args 的值以 format 指定的格式输出到 fp 所指定的文件中	实际输出的字符数	—
fputc	int fputc (char ch, FILE *fp);	将字符 ch 输出到 fp 指向的文件中	成功返回该字符；否则返回非 0	—
fputs	int fputs (char * str, FILE * fp);	将 str 指向的字符串输出到 fp 所指定的文件	返回 0，若出错返回非 0	
fread	int fread (char * pt, unsigned size, unsigned n, FILE * fp);	从 fp 所指定的文件中读取长度为 size 的 n 个数据项，存到 pt 所指向的内存区	返回所读的数据项个数，如遇文件结束或出错返回 0	—
fscanf	int fscanf (FILE * fp, char format, args, ...);	从 fp 指定的文件中按 format 给定的格式将输入数据送到 args 所指向的内存单元（args 是指针）	已输入的数据个数	—
fseek	int fseek (FILE * fp, long offset, int base);	从 fp 指向的文件的位置指针移到以 base 所指出的位置为基准、以 offset 为位移量的位置	返回当前位置，否则返回-1	—

续表

函数名	函数原型	功能	返回值	说明
ftell	long ftell (FILE * fp);	返回 fp 所指向的文件中的读写位置	返回 fp 所指向的文件中的读写位置	—
fwrite	int fwrite (char * ptr, unsigned size, unsigned n, FILE * fp);	把 ptr 所指向的 n×size 个字节输出到 fp 所指向的文件中	写到 fp 文件中的数据项的个数	—
getc	int getc(FILE * fp);	从 fp 所指向的文件中读入一个字符	返回所读的字符，若文件结束或出错，返回 EOF	—
getchar	int getchar (void);	从标准输入设备读取下一个字符	返回所读字符，若文件结束或出错，则返回-1	—
getw	int getw (FILE * fp);	从 fp 所指向的文件读取下一个字（整数）	返回输入的整数，如文件结束或出错，返回-1	非 ANSI 标准函数
open	int open (char *filename, int mode);	以 mode 指出的方式打开已存在的名为 filename 的文件	返回文件号（正数），如打开失败，返回-1	非 ANSI 标准函数
printf	int printf (char * format, args, …);	按 format 指向的格式字符串所规定的格式，将输出表列 args 的值输出到标准输出设备	输出字符的个数，若出错，返回负数	format 可以是一个字符串，或字符数组的起始地址
putc	int putc (int ch, FILE *fp);	把一个字符 ch 输出到 fp 所指的文件中	输出的字符 ch，若出错，返回 EOF	—
putchar	int putchar (char ch);	把字符 ch 输出到标准输出设备	输出的字符 ch，若出错，返回 EOF	—
puts	int puts (char * str);	把 str 指向的字符串输出到标准输出设备，将'\0'转换为回车换行	返回换行符，若失败，返回 EOF	—
putw	int putw (int w, FILE *fp);	将一个整数 w（即一个字）写到 fp 指向的文件中	返回输出的整数，若出错，返回 EOF	非 ANSI 标准函数
read	int read (int fd, char * buf, unsigned count);	从文件 fd 所指示的文件中读 count 个字节到 buf 指示的缓冲区中	返回真正读入的字节个数。如遇文件结束返回 0，出错返回-1	非 ANSI 标准函数
rename	int rename (char * oldname, char * newname);	把由 oldname 所指的文件名，改为由 newname 所指的文件名	成功返回 0，出错返回-1	—
rewind	void rewind (FILE * fp);	将 fp 指示文件中的位置指针置于文件开头位置，并清除文件结束标志和错误标志	—	—
scanf	int scanf (char * format, args, …);	从标准输入设备按 format 指向的格式字符串所规定的格式，输入数据给 args 所指向的单元	读入并赋给 args 的数据个数。遇文件结束返回 EOF，出错返回 0	args 为指针
write	int write (int fd, char * buf, unsigned count);	从 buf 所指示的缓冲区输出 count 个字符到 fd 所标志的文件中	返回实际输出的字节数。如出错返回-1	非 ANSI 标准函数

4. 动态存储分配函数

头文件：malloc.h

函数名	函数类型	功能	返回值
calloc	void * calloc (unsigned n, unsigned size);	分配 n 个数据项的内存连续空间，每个数据项的大小为 size	返回分配内存单元的起始地址。如不成功，返回 0
free	void free (void * p);	释放 p 所指的内存区	—
malloc	void * malloc (unsigned size);	分配 size 字节的存储区	返回所分配的内存区起始地址，如内存不够，返回 0
realloc	void * realloc (void * p, unsigned size);	将 p 所指出的已分配内存区的大小改为 size。size 可以比原来分配的空间大或小	返回指向该内存区的指针

附录 E　C 语言常见算法

1. 冒泡排序

冒泡排序的基本思想：将待排序的元素看作是竖着排列的“气泡”，较小的元素比较轻，从而要往上浮。在冒泡排序算法中，程序要对这个“气泡”序列处理若干遍。所谓一遍处理，就是自底向上检查一遍这个序列，并时刻注意两个相邻元素的顺序是否正确。如果发现两个相邻元素的顺序不对，即“轻”的元素在下面，就交换它们的位置。显然，处理一遍之后，“最轻”的元素就浮到了最高位置；处理两遍之后，“次轻”的元素就浮到了次高位置。在做第二遍处理时，由于最高位置上的元素已是“最轻”元素，所以不必检查。一般地，第 i 遍处理时，不必检查第 i 高位置以上的元素，因为经过前面 i-1 遍的处理，元素已正确地排好序。

冒泡排序的代码如下所示。

附录程序清单

```
#include <stdio.h>
#define N 10
void main()
{
    int a[N];
    int i, j, t;
    printf("input %d numbers:\n", N);
    for(i = 0; i < N; i++)
    {
        scanf("%d", &a[i])
    }
    printf("\n");
    for(j = 0; j < N; j++)
    {
        for(i = 0; i < N – j; i++)
        {
            if(a[i] >a[i + 1])
            {
                t = a[i]; a[i] = a[i + 1]; a[i + 1] = t;
            }
        }
    }
    printf("the sorted numbers: \n");
    for(i = 0; i < N; i++)
        printf("%5d", a[i]);
}
```

2. 选择排序

选择排序的基本思想：n 个数据直接选择排序可经过 n-1 趟直接选择排序得到有序结果：

（1）初始状态：无序区为R[1...n]，有序区为空。

（2）第1趟排序：在无序区R[1...n]中选出关键字最小的记录R[k]，将它与无序区的第1个记录R[1]交换，使R[1…1]和R[2...n]分别变为记录个数增加1个的新有序区和记录个数减少1个的新无序区。

…

（3）第i趟排序：第i趟排序开始时，当前有序区和无序区分别为R[1...i-1]和R[1≤i≤n-1]时，该趟排序从当前无序区中选出关键字最小的记录R[k]，将它与无序区的第1个记录R交换，使R[1…i]和R分别变为记录个数增加1个的新有序区和记录个数减少1个的新无序区。

这样，n个数据的直接选择排序可经过n-1趟直接选择排序得到有序结果。

选择排序的代码如下所示。

附录程序清单

```
#include <stdio.h>
#define N 10
void main()
{
    int a[N];
    int i, j, k, t;
    printf("input %d numbers:\n", N);
    for(i = 0; i < N; i++)
    {
        scanf("%d", &a[i])
    }
    printf("\n");
    for(i = 0; i < N; i++)
    {
        k = i;
        for(j = i + 1; j < N; j++)
        {
            if(a[j] < a[k])
                k = j
        }
        if(k != i)
        {
            t = a[i]; a[i] = a[k]; a[k] = t;
        }
    }
    printf("the sorted numbers: \n");
    for(i = 0; i < N; i++)
        printf("%5d", a[i]);
}
```

3. 二分查找

二分查找法也称为折半查找法，它充分利用了元素间的次序关系，基本思想是：将n个元素分成个数大致相同的两半，取a[n/2]与欲查找的x作比较，如果x=a[n/2]则找到x，算法终止。如果x<a[n/2]，则只需在数组a的左半部继续搜索x（这里假设数组元素呈升序排列）。

如果 x>a[n/2]，则只需在数组 a 的右半部继续搜索 x。

首先，将表中间位置记录的关键字与查找关键字比较，如果两者相等，则查找成功；否则利用中间位置记录将表分成前、后两个子表，如果中间位置记录的关键字大于查找关键字，则进一步查找前一子表，否则查找后一子表。重复以上过程，直到找到满足条件的记录，使查找成功，或直到子表不存在为止，此时查找不成功。

二分查找函数的代码如下所示。

附录程序清单

```
#include <stdio.h>
int binSearch(int *data, int n, int key)
{
    int low = 0, high = n - 1; mid;
    if(data[low] == key)
    {
        return 0;
    }
    while(low <= high)
    {
        mid = (low + high) / 2;
        if(data[mid] == key)
        {
            return mid;
        }
        else if(data[mid] > key)
        {
            high = mid - 1;
        }
        else
        {
            low = mid + 1;
        }
    }
    return -1;
}
```

4. 最大公约数和最小公倍数

求两个数 m 和 n 的最小公倍数和最大公约数的方法如下：

（1）将 m 和 n 中较大的一个作为被除数，较小的一个作为除数。

（2）求出 m 对 n 的余数，如果余数为 0，转步骤（4）。

（3）将除数作为新的被除数，余数作为新的除数，继续求余，直到余数为 0 的时候为止。

（4）输出余数为 0 的时候的除数的值，即为最大公约数。

（5）最小公倍数 =(m * n)/最大公约数。

求最大公约数和最小公倍数的代码如下所示。

附录程序清单

```
#include <stdio.h>
```

```
int main(void)
{
    int m,n,t,a,b;
    t=0;
    scanf("%d%d",&m,&n);
    a=m;
    b=n;
    while(t=m%n,t!=0)
    {
        m=n;
        n=t;
    }
    printf("最大公约数是:%d\n",n);
    printf("最小公倍数是:%d\n",a/n*b);
    return 0;
}
```

5. 求素数

素数：只能被1或自身整除的整数。

判断整数n是否为素数的基本算法：若k % m == 0则说明k不是素数。其中，m的取值范围为：2～k的算术平方根。

求素数的代码如下所示。

附录程序清单

```
#include <stdio.h>
#include <math.h>
int prime(int n)
{
    int i, k, flag = 0;
    k = (int)sqrt(n);
    for(i = 2; i <= k; i++)
    {
        if(n % i == 0)
            break;
    }
    if(i > k)
        flag = 1;
    return flag;
}
```